Planeter
og
virkeligheter

Ingrid Illia Haugerud

FSC
www.fsc.org
MIX
Papir fra
bærekraftige kilder
Paper from
responsible sources
FSC® C105338

Kover bildene er kunstverket til

Marius Løkkeberg

Forlag: BoD – Books on Demand, Oslo, Norge

Trykk: BoD – Books on Demand, Norderstedt, Tyskland

ISBN: 978-82-8451-148-1

Erkeengelen Seraphim
I samtaler og reiser med Illia og Osiris

Forord

Kjære lesere, jeg har vært på en meget spennende reise med mine sjeler i skapelsen av denne boken.

Det er min hjerte-sjel Erkeengelen Seraphim, muslimenes reddende engel, som jeg samtaler med i det meste av boken. Osiris min livsoppgave sjel blir med og transformerer der det trengs.

Osiris er en mester fra planeten Sirius, som sender meg på oppdrag rundt om på vår klode.
Han hjelper meg og innføre enheten tilbake i naturen.
Han sier, at jeg lar naturen bli sett.
Samtidig oppretter Osiris linjer som holder jorden i sin ovale reise rundt solen i vårt univers.

Osiris sier at alle universene er i stadig utvikling og vekst, men fordi vi har glemt at vi er store sjeler og fortapt oss i egoets begjær, trenger han å opprette disse linjene slik at vi kan klare å våkne før jorden forflytter seg for mye ut fra solen og kulden overtar denne vakre planeten.
Fra boken «Osiris bok I». Utgitt i 2022.

Denne boken er den mest spennende bok jeg har kanalisert til nå.
Reisene de tok meg med på under utførelsen av boken var magiske. Så spennende og erfare andre planeter og virkeligheter, selv om det kun er i bevisstheten reisene foregår.
Bare det å se andre typer sjeler i fremmede kropper og deres planeters forskjellige væren er veldig spennende.

.

Jeg har valgt å bruke **bold på mine sjelers ord,** mens denne vanlige skriften er min.

Alt jeg har fått i samtalene med mine sjeler er direkte notert ned uten å forandre på noe. Det har de bedt om, og slik får dere kanskje føle energien bak ordene.

Kanaliseringen foregår hvor jeg tar opp samtalene vi har på min telefon og skriver de inn i bøker.

Ønsker dere en magiske reise, når dere dykker inn i denne boken om planeter og virkeligheter.

Planeter og virkeligheter

SIRIUS

Nasa

Seraphim sier:
Når jorden ble skapt, hadde vi allerede levd mangfoldige liv på andre planeter og virkeligheter.

Jorden er jo en vakker levende planet, på ett helt annet plan enn det vi var vant med.
Vi levde jo i væren med ren kjærlighet i uendelighet, i alle virkeligheter og planeter. Så vi ble veldig nysgjerrige på hvordan denne planeten var å leve på.
De fleste planetene har eterisk livsform. Vi flyter i en masse som du opplevde Illia, når du reiste med din oppgave sjel Osiris til Sirius.

Det jeg opplevde der, var at alle hadde en form for blå energikropp, som fløt eller svevde i en ikke fysisk masse som luft, men med mere substans enn luft.
Nesten som eterisk vann som var klar blå. Sirius blir jo kalt den blå planeten.

Det er en fin forklaring Illia, men det var en masse av blå kjærlighet vi fløt i der på planeten Sirius.

Hvordan kan man leve i en slik virkelighet?
Det finnes jo ingen næring, jeg følte ikke at den energien de fløt i var noe de inntok?

Neida de trenger ingen næring i den virkeligheten, for all næring er inni kroppen.
Kroppens energi tilfører alt man trenger.

Kan godt forstå at de kjeder seg etterhvert, hva slags utvikling/vekst skjer på den planeten?

Det er en vekst i forståelse av en annen tilstand enn den himmelske kjærlighets-dimensjonen.

Så de bare vil erfare noe nytt, og derfor drar de rundt til forskjellige planeter og virkeligheter?

Slik er det kjære.

Så hvor mange planeter og virkeligheter finnes det, med form for liv/bevissthet?

Alle planeter har en mulighet for erfaringer for oss.

Hva med virkeligheter da? Er det den energien, muligheten for erfaring som er virkeligheten?

Det er det, alt på de forskjellige planetene er forskjellige virkeligheter for erfaring.

Hva er dimensjoner da?

Nå nærmer vi oss noe viktig kjære Illia.

Hva mener du med det?

Jo, dimensjoner er noe helt annet enn planeter og virkeligheter.

Er det, hva er dimensjoner for noe da?

Det er opplevelser av lys i forskjellige spektre.

Nå forstår jeg ikke helt. Det er vel opplevelse av lys i forskjellige spektre på alle planetene og virkelighetene også vel?

Nei, dette er på ett helt annet plan.
Dette er opplevelser uten noen form for kropp, kun bevisstheten reiser i dimensjonene.

Så hvordan reiser dere da?

Vi reiser med vår fantasi, det er å reise i dimensjonene.

Nå forstår jeg ikke helt?

Når vi er barn, så reiser vi i dimensjonene hele tiden.
De portalene du så som ungdom Illia, var åpninger til andre dimensjoner som du kunne reise inn i.

Mener du det som Osiris sa, at dere måtte skremme meg. Ellers hadde jeg reist helt bort fra kroppen min og den ville dø?

Det er det kjære. Du ville så gjerne hjem igjen, for du glemte ikke paradisets væren slik som andre barn gjorde.
Derfor måtte vi skremme deg slik at du ble anspent og redd for det åndelige.
Slik at du ble her, for å utrette din livsoppgave.

Åh, nå forstår jeg. Så det er det som er dimensjoner, våre indre reiser.

Det er det kjære, men det er ikke det vi skal snakke om nå. Nå skal jeg dele med deg og alle andre på jorden om de forskjellige planetenes substans og virkeligheter.

Så spennende, jeg gleder meg.
Så hvilken planet vil du starte med?

Nå har jeg jo allerede delt Sirius og vil gjerne fortsette med det.
Sirius var den siste planeten vi dro til før jorden, men vi har vandret rundt på de fleste.
Jeg starter med Sirius og går så bakover etterhvert.

Ok, så hva mer kan du fortelle om Sirius?

Sirius er en vakker opplevelse i blå klar omsluttende kjærlighet, som fikk åpnet våre hjerter på en ny måte.
En ny måte for en slags forberedelse til reisen til jorden.

Hvordan føles det å være der?

Det føles som om du er en lanterne i oplysthet, med en stemning av ærbødig glede som strømmer gjennom hele det eteriske vesenet til enhver tid.

Hvordan kan du forklare det for oss, hva kan du sammenligne det med når du er i fysisk kropp?
Er det slik jeg føler innimellom når dere kanaliserer?
På en måte løftet opp av svevende letthet og glede som gir en følelse av ærbødighet?

Slik er det, men mye sterkere når en er uten fysisk begrensning av kroppen.
Å være i en fysisk kropp er tungt, tyngdekraften trekker alt mot jorden. Så alle svevende følelser ble borte når vi kom til jorden.
Når vi er på Sirius lever alt i en form for enhet med hverandre, felles følelse opplevelser. Vi er på en måte ikke individuelle sjeler, men har allikevel egne opplevelser av stemning utfra hvem vi var før vi kom dit.
Så kommer du fra en primitivere virkelighet, vil opplevelsen bli annerledes.

Så hvordan vil vi oppleve, det når vi kommer hjem til Sirius?

Dere vil oppleve en lettelse av dimensjoner som slipper i deres energifelt.

Så når kan vi håpe å komme tilbake til Sirius?

**Den tiden kan vi ikke ta med nå, for det er en lang vei for dere å gå, før dere kommer tilbake dit.
Hvis dere i det hele tatt vil tilbake dit?**

Hva mener du med lang vei å gå?

Dere er fortsatt for primitive her på jorden. Dere spiser fortsatt deres familie og venner i andre type kropper.

**For å kunne utvikle seg videre som menneske, trenger man å se på alt som sin familie, og verdsette alt like høyt som seg selv.
Da først blir det paradis på jord, og dere er klare for en videre utvikling på andre planeter og virkeligheter.**

Så hva kan vi gjøre, som vil gjøre det lettere for oss å mestre overgangen til annen føde?

**Dere kan begynne å spise det dere elsker.
Noen elsker søtt, så spis frukt, bær, nøtter og frø. Gavene fra moder jord. Så etterhvert bytter dere ut flere og flere av deres måltider med levende mat som ikke utnytter, eller plager andre vesener.**

Så du gir oss muligheten for en myk overgang?

Ja, dere trenger det, dere har spist så primitiv mat så lenge, at dere trenger en lang overgang til lettere føde. Da først klarer dere å leve på ett høyere plan, ikke kun fysisk men også spirituelt liv, med høyere energi på deres kropper.

Ok, så må vi belage oss på flere liv her på jorden?

Noen få og noen trenger mange liv her for å våkne. Derfor er det så viktig å redde jorden vi lever på. Ellers forsvinner så mange mennesker i mørke og det gjør at sjelen stopper opp å utvikle seg, fordi den mangler en del av sin bevissthet.

Åh, nå forstår jeg hvor viktig min livsoppgave er.

Det er en meget viktig oppgave du har Illia og du utfører den med glans.

Takk kjære Seraphim

Hele universet takker deg Illia for at du valgte å gå din sjels vei.

Hvordan skal jeg klare og integrere den følelsen i mitt vesen? Det er en så stor gave som jeg ei vet om jeg kan bære.

(Når det blir så sterkt, så vil jeg bare flykte fra hele opplevelsen.)
Forstår ei hvorfor jeg vil flykte? Kan kanskje komme av at jeg altid har sett på meg selv som lavere ned på rangstigen, enn alle andre pga min lille kropp 143cm.

Det gjør det kjære, du så på deg selv som underlegen alle andre. Bare fordi du var annerledes, men ikke bare på det fysiske planet.
Husk det illia, du har alltid vært i det åndelige livet. Det gjorde jo også at du følte deg utenfor mengden.
Så det er en sammenheng i dette for vi ville jo ikke du skulle våkne for tidlig. Da hadde du nok havnet som forsøks-menneske på ett sykehus. For de vil jo finne fysiske årsaker på alt, selv om kun en liten del av oss er fysisk.
De fleste Legene tror jo kun på denne fysiske kroppen, som det eneste som er vår kropp. Men de kan ikke se deres tanke-kropp og følelse-kropp som er en del av deres aura.
Derfor arbeider legene kun på en liten del av deres kropp isteden for hele kroppen deres.
Og de fleste deler av deres kropp, er i deres usynlig kropp, deres energifelt.

Ja, gleder meg når legene begynne å undersøke våre energi kropper.

Ja det kan bli spennende forskning for nyutdannede leger etterhvert.

Ja, unnskyld for at jeg dro deg utenfor emne.

Det går fint Illia, nå vil jeg fortelle om den planeten dere var på før Sirius.

JUPITER

Planeten Jupiter er en magisk planet, der er virkeligheten meget spesiell. Der er vi totalt vektløse i en energiform som vi alle er en del av. Altså ingen separate kropper.

Hvordan lever man med sin egen sjel men uten kropp?

Det er en virkelighet som en masse.

Masse?

Ja Illia. Som en masse som består av hydrogen og plutonium. Det gjør at vi klarer ei og holde avstand, for vi blir trukket inn i hverandre av en spesiell kraft.
Denne kraften kaller vi atomkraft, som er en sterk kraft av atomer som bygger en helhet. Og vi blir da en del av denne helheten.

Hvordan føles det, oppleves det å være der?

Det føles som å være i en vindturbin.

Hva mener du med vindturbin, blåser det?

Det blåser ikke, men vi suges inn i en masse.
Og det gjør at vi føler oss ett med alt, men allikevel med separat bevissthet.

Forstår ikke dette jeg, så ingen følelser?

Nei.

Hvorfor er dere der da?

Det er ett stadium vi trenger for å lære om det å være formløs.

Vi opparbeider der en følelse av samhørighet uten kropp men med egen bevissthet. Det siste stadiet før vi går ut av enheten.

Er det noe kjærlighet der?

Vi er alltid i kjærligheten, uansett hvilken planet vi er på. Det er jo kjærlighets energien/det ledende prinsipp som har skapt alt.

Ja, glemmer det jeg.
Får dere noen lærdom der, eller er det kun ett overgangs sted, før opplevelsen av å være en separat substans?

Nei, det er flere planeter hvor vi ikke har substans, men denne er den nest siste på vår vei mot jorden.
Vi trenger den utviklingen før Sirius og jorden.
Der blir vi kjent med krefter som vi møter på Sirius.

Så alt er en utvikling fra kun å være kjærlighet, substans og lys, og så utvikler vi oss videre i større og større viten og substans?

Det er så illia. Vi går fra å være en del av ett lys, som vi alltid vil være en del av. Til å erfare mange former for lys kropper.

Vi opparbeider våre referanser, til å favne all viten om energi.

Så hvor mange planeter har vi vært på før denne da?

Tusenvis.

Tusenvis? Så vi har ikke gjort noe annet, enn å reise fra planet til planet i tusenvis av liv?

Nei, det har vært en magisk reise å oppleve alle de virkelighetene.

Er dette noe som trengs i sjelers utvikling, eller er det bare nysgjerrighet?

En blanding kjære. Vi trenger ikke reise noe sted, men det er så mye spennende der ute og erfare. Så vi ble reisende i virkeligheter til vi er fornøyde.
Da blir vi igjen en del av det guddommelige kjærlighets lyset, ett med alt i alt. Hvor vi kan bli luften du puster og vannet du drikker. Til og med en del av ditt blod som strømmer gjennom dine årer.

Det høres helt sykt ut, men jeg har jo erfart hvor små dere kan være.

Å, vi kan bli så små som molekyler eller atomer, hva vi vil erfare.

Høres spennende ut.

Det er det, meget spennende.
Tenk Illia, når du kommer til en virkelighet/planet hvor du rett og slett er med å holde planeten sammen. Som en del av planetens molekyl struktur.

Jøss, er det virkelig mulig?

Alt er mulig kjære, det er kun din fantasi som begrenser alt du kan erfare av virkeligheter.

Vet ikke om jeg synes det er så spennende men, kanskje det er det når jeg kommer høyere opp i utviklingen min?

Kanskje det, eller andre muligheter. Alle vil jo ikke erfare planeters struktur men det er faktisk spennende. Tenk, vi må virkelig samarbeide for å holde alt i fullkommen harmoni.

Høres skummelt ut syntes jeg. Tenk om en eller flere blir lei av oppgaven, kollapser planeten?

Neida illia, det er umulig at det kan skje.

Å skape litt dissonans ja, men planeten kollapser ikke.

Godt å høre.

Ok kjære, tilbake til våre planeter igjen.

Osiris forteller:

Det begynner med den store planeten Jupiter, der er det en helt spesiell atmosfære.
Den består av gasser som er tunge nesten fysiske.
Strukturen er lett men synlig med fysiske øyne som en blålilla masse.
Slik du så på Sirius Illia, der var det en klar blå eter lignende masse.
Amme er det på Jupiter, vi spiser ikke, men er i en nærings masse.

Hva slags liv er det ?

Der lever de på en måte som bier uten honning, for de flyter i honningen.

Høres merkelig ut syns jeg.

Det er en merkelig virkelighet Illia, vi bruker kun kroppen i en virtuell virkelighet.

Som barn reiser vi jo i en virkelighet med engler, drager, flyr på fugler og rir på løver. Det blir på samme måten de lever på der.

Så er kroppen inaktiv, eller har de ingen kropp?

De har ingen kropp, for det er en visuell virkelighet de lever i uten behov for en egen kropp.
Man er i enheten hele tiden men reiser individuelt.
Blir på en måte som å reise i fantasien, men det er en viktig visualisering som gjør at de utvikler seg.

På sjels planet?

Ja på alle plan, der lærer de seg om de fysiske kroppene de trenger å forstå før de drar videre, og kanskje ender opp på planeten jorden en dag.

Så man utdanner seg ved å skape i fantasien det man vil erfare?

Det er det.

Men hva er det de skaper for filmer, er de annerledes enn de vi skaper?

Ja, veldig annerledes.

Hvordan da Osiris, kan du forklare oss det?

Jeg skal forsøke og se om du klarer å forstå det?
Ok, de svever i en energi av årsak og virkning som de selv skaper, for og erfare hva som skaper motsvarende energier.

Så det er en utvikling i energier det da?

Det er en utvikling i forståelse av hva som skaper energien, og dens forskjellige virkninger på tanker og følelsene.

Jøss, så de kan erfare følelser og tanker?

De trenger jo det for å lære hva de skaper av følelser og tanker, av sine skapelser.

Skaper det karma, eller er det kun lek uten årsaker?

Det er en lek med årsaker, hvor de lærer å forstå hvordan menneskene påvirker sine egne tanker med sin skapelse.

Trodde det var det vi driver med på jorda jeg da?

Ja, men på ett helt annet eget plan, åpenbarings planet.

Mener du de erfaringene jeg har med sterke åpenbaringer av åndelig art?

Ja, men ennå mere spesifikt, mere på kjemi plan og fysiologi plan.

Hva mener du nå Osiris?

Jeg mener at de øver seg på å ha egen fri vilje, til å skape det de vil uten å bli belastet av det etterpå.

Høres enkelt ut Osiris.

Enkelt er det ikke, men de øver seg, slik som du øver deg på å tele-transportere.

Ok, så de øver seg på å bli kjent med fysikken, ved å skape opplevelser som påvirker kroppen?

Der forsto du det Illia. Hadde ikke trodd, du skulle klare det.

Det var vel du som ga meg forståelsen kjære, vi er jo ett. Ble veldig sliten av å være i denne kanaliseringen, den krever mye våkenhet av meg.

Det gjør den kjære så ta det rolig, vi har ikke travelt med dette her.

22-10-2020

Hva vil du fortelle oss om Jupiter Seraphim?

Jupiter er en magisk plass kjære. Der får dere erfare hvordan fantasien skaper alt dere ser foran dere på sekundet.

Wow, så spennende.

Ja, ellers hadde vi jo ikke dratt dit. Vi er jo nysgjerrige på alt som rører seg i universet.
Tenk deg, du ser ned på en planet som i våre øyne lyser rødt. Du kjenner på energiene, at dette var en spennende energi, den vil jeg erfare.
Slik reiser vi hele tiden med fantasien til andre planeter og virkeligheter, mens vi er på Jupiter.

Jeg trodde dere kun visualiserte jeg?

Ja, vi gjør det men opplevelsen føles helt ekte.
Det blir på samme måte, som når du red på løven i februar.
Det virket jo helt ekte fysisk?

Ja, det gjorde det virkelig. Det var en løve venn som kom, og tok meg med på tur ut på savannen, nei det var mer en ørken. Så selv om dere ikke har en kropp, så virker deres fantasi i en kropp?

Det gjør det kjære.

SOLEN

NASA

Mitt første møte med solens var i 2010.

Sitter og beundrer solnedgangen.
Plutselig ut fra Solens lys kommer en stor engel svevende mot meg og smiler til meg!

Sitter her i Puerto de la cruz Tenerife, Spania og får beskjed om å skrive om Solen, vår kilde til lys?

«Jeg fikk i februar 2020 kontakt med solens engel og det og hun forteller at hun heter Vileda.»

Solen er en planet som andre planeter i universet.
Den speiler lyset fra vår planet jorden.

Hva mener du med at den speiler vårt lys?

Den er en varmekilde som reflekterer all varme tilbake til jorden hvor varmen kommer fra.

Forstår ikke dette, sier du at solen har ingen egen varme?

Det er så, den er en reflektor som en solcelle. Som sender oss elektrisistet i sine reflektorer, tilbake for å holde varmen konstant på jorden.
Ellers ville alt fryst til is, så fort solen var forbi vår side av jorden. Dette skjer jo ikke, men ingen har tenkt på hvorfor det ikke fryser over hele jorden når det er natt!

Men de snakker om solstormer og ild som slynges ut fra solen? Så hvordan kan den gjøre det uten egen varme? Den er jo helt rødglødende.

Årsaken er noe helt nytt for menneskeheten.
Den er rødglødende og blir det når varmen blir utsendt fra planetene rundt.

Hva med de planetene uten varme?

På ett fysisk plan har de ingen egen varme, men det er mange plan å eksistere i.

Wow, så spennende, fortell meg mer om solen kjære Seraphim.
Hva med aurora borealis? De sier at fargene er slynget ut fra solen?

De vet ingen annen måte å forklare det på forstår du.

Aurora er en gave fra planeten jorden til menneskene som lever her.
Dette vakre lyset er for å fortelle menneskene at det finnes mye mer mellom himmel og jord enn det fysiske livet, og de fysiske planetene og all fysisk substans.

Da ønsker jeg at vi kan få opprettet kontakt med dens engel, Slik jeg har møtt gudinnen/engelen til Månen, og alle elementene.

Det kommer til alle kjære, når dere selv tar kontakt med de forskjellige planetene eller elementene her på jorden.

Vi vil gjerne at dere undersøker selv, da blir det deres egen visdom som kommer fra deres indre veivisere.
Det er den beste måten og lære på, dere trenger og fundere på dette, for å få svarene dere trenger.

Forstår det, men kun noen er jo åpen nok til å tro på dette Seraphim. Så du mener at de får denne viten når de er klar for å tro på det, og først da?
Slik at å dytte på andre visdom blir feil?

Slik er det kjære, for det blir ingen visdom for de, kun mange tomme ord.
Så når de selv spør deg eller oss, først da er de klare til å motta.

Takk kjære deg, det er viktig for meg.
Har vel en tendens til å bli for ivrig, og pøser på med masse. For jeg vil jo så gjerne, hjelpe de videre på sin sjels reise.

Det går bra, men vit at det kan bli for mye. Det gjør jo at visdommen, faller til jorden. Isteden for å ta til seg litt og litt, etterhvert som de spør kjære.

Så sant, forstår det nå at jeg har vært for ivrig i å dele deres visdom.
Unnskyld, nå tilbake til «Solen».
Den magiske lysende kulen vi roterer rundt.

Solen er en veksels stjerne, og det betyr at den veksler ut alt den mottar med energi.
Noen planeter får energi på ett annet plan enn vi fysisk kan merke på jorden.
Her tror de fleste at solen er en stjerne, som gir de varme og elektrisk energi gjennom solcellene.
Solen er en magisk stjerne Illia.
Slik som alle andre stjerner på himmelen, har den mange egenskaper. Og de fleste egenskapene er ukjente for de fleste.
Solen kan tilføre oss næring på ett helt annet plan enn vi tror.
Du er nå på en overgangsfase i din reise som sjel Illia, og du får næring fra solen hver dag.
Næring for å opprettholde balansen på molekyl strukturen i kroppen din.

Det visste jeg ikke, så utrolig.

**Du trodde du kun fikk D vitamin, og litt næring for å suplementere med næringen fra dine sjeler.
Så mye, mye mer av vår næring kommer fra solen.**

Hva slags næring?

**Næring på ett helt mikroskopisk plan, innvendig i deres celler skaper solen balanse, mellom atomene og molekylene.
Så dere har meget å takke solen for, men meget få takker.**

Det er trist å tenke på, hvor få som bryr seg om annet enn «å samle i lader», som utrykket heter.

**Ja, dere er jo samlere.
Den egentlige samler energien deres var ment for at dere skulle samle viten. Men deres ego tenker kun på å tilfredsstille sine fysiske begjær.
Men hva med deres åndelige higen etter visdom, hvor er den blitt av? Jo den er totalt oversett, fordi egoet i hodet styrer fortsatt på ett meget primitivt plan, her på denne planeten.
Dette er den mest primitive planeten i universet, og den eneste planeten med fysisk liv.**

Som dere har fortalte i våre tidligere bøker Seraphim.

Ja men vi gjentar oss hele tiden kjære, slik at det kan lagre seg i deres bevissthet som en sannhet.
Dere har hørt så mye forskjellig, så vi trenger å avlære og opplære dere i ekte visdom.
Husk kjære, det er mange som kanaliserer uten å være i nuet. Da vet du jo Illia, at det er gamle overbevisninger som kommer fra de som er utenfor nuet.
Så lytt til de som kanaliserer i nuet og ingen andre, ellers blir dere ledet på feil vei i livet.

Du mener når jeg er i nuet/enheten, så er det kun de høyeste som kommer igjennom til meg med sin visdom?

Slik er det kjære.

Er det mer du vil fortelle om solen/Vileda?

Jeg vil dele med deg en opplevelse, som kan få deg til å forstå bedre hvor viktig solen er for alt på jorden.
Lukk øynene og se for deg en planet hvor det er ingen sol/stjerne og forestill deg hvordan det ville være å leve der.

Ok, ingen sol intet liv, så viktig er solen.

Også i andre virkeligheter hvor ingenting gror, men med en utvikling på andre plan.

(Så kommer plutselig Vileda solens Gudinne inn i samtalen). Tror hun kommer fordi vi snakker om Solen, er det slik Seraphim?

Det er det kjære, hun vil gjerne dele med deg en erfaring om solen.

Vileda solens engel forteller:
Solen er den nærende kilden, som tilfører planetene som kretser rundt henne/meg alt de trenger.
Husk, når det var vulkanutbrudd og himmelen ble mørk, så frøs alt ,og det ble ny istid. Så viktig er det å få reflektert lyset tilbake til planetene ved hjelpen fra solen.

Vileda sier: jeg er ikke viktig i meg selv, men som en reflektor.
Takk Vileda.

Kjære Seraphim, vil du fortelle noe mer om solen?
Jeg fikk en healing, av sol gudinnen Vileda i går.
Jeg føler meg annerledes i dag, men kan ikke helt sette ord på hva som skjedde?

Hun rokket, ved dine gamle overbevisningene om livet kjære.
Du vil merke det mer som dagene kommer, at du tar inn og reflektere naturen og livet på ett annet plan.

Så spennende, hva kan Solen/Vileda egentlig tilføre oss? Vi er jo så vant med å kun se solen som en varmekilde, men nå vet jeg jo at den påvirker oss på flere plan enn vi har trodd.
Hva er den største goden ved å tilføres solenergi i kroppen Seraphim?

Det er kjære, at dere får en helt annen opplevelse av livet i sin helhet.

Det sier meg egentlig ingenting kjære?
Kan du utdype det, slik at vi kan forstå det på vårt fysiske plan?

Vi tilfører dere solenergi, slik at deres molekyler blir istand til å motta alt dere trenger fra deres sjel og solen.

Så våre molekyler trenger den energien?

Ja, veldig Illia. Mye mer enn dere tror, men dere er jo misledet fra kirkens side. De ville holde dere som en saueflokk, for å beholde all makt i kirken.

Når dere er uten solens energi, så er det mye lettere å bli sliten og deprimert. Dere kan tro at å leve i mørke går bra, men se på de dere kjenner, som bor og trives i mørke rom.

Er de lykkelige, har de det bra?

Det høres litt for enkelt ut.

Vi har jo sagt til deg, at alt er mye enklere enn dere kan tro!

Ja, men å forstå at det kan være så enkelt, er litt vanskelig. Vi har jo vokst opp de fleste av oss, i en verden som har vært primitiv. Så det er jo en del av vår livs oppfattelse, at livet er vanskelig.

Derfor er det arbeidet du utfører, så viktig kjære.
Tenk på alle de du hjelper videre, og åpner for en videre forståelse.
De har hatt i sitt energifelt, et stort lass av gamle utdaterte overbevisninger.
Så når du hjelper de døde å våkne og bli ett med sin sjel, så løfter du menneskeheten mer og mer ut av sin hengemyr av gamle usannheter.
Så stå på kjære, du gjør en fantastisk jobb.

Å takk, ja dere har jo fortalt meg at det er viktig å fjerne de gamle tankene/mistroen til de døde.
Jeg forstår det mer og mer etterhvert, når jeg fjerner mine egne gamle overbevisninger.

Det som er vanskelig for meg og transformere, er mine vaner. Mine vaner i å flykte, og å følge mengden. Å starte en helt ny vane tar tid.
De sier jo at hvis du gjør en ting i 21 dager, så fester det seg som en vane. Men jeg opplever at det tar mange flere ganger, før det manifesterer seg i hverdagen.

Ja kjære, særlig når en har vært i dette mønster i så mange år som deg, så tar det ekstra lang tid å tilvende seg nye vaner.

Er det noen annen måte og tilegne seg nye vaner?

Nei, det er gjentagelsen som gjelder her.
Å tvinge seg selv til å gjenta hele tiden, det en ønsker og oppnå.

Den er grei, men jeg glemmer det jo hele tiden. Jeg vet hva som skal til, men glemmer det i øyeblikket.
Er det en menneskelig svakhet, eller kun min?

Det er ett menneskelig mønster og følge mengden, til enhver tid å føle at man hører til i det kollektive livet.
Men den vanen er meget begrensende for deres sjel.
Da går det jo kun om og om igjen, ingen utvikling overhode.

Det er tid for forandring nå, dere trenger og gå deres helt egen vei nå. Den veien, akkurat dere er skapt for å gå. Alle har sin helt unike vei gjennom livet, men det er utrolig få som virkelig følger den kjære.

Ja jeg vet det, men jeg håper det snur snart. Jorda trenger at vi alle går vår helt unike vei. Slik at vi i fellesskap kan skape en bedre jord for barna og alle andre levende vesener på denne vakre planeten.

Ja, veldig viktig kjære. Derfor er vi så takknemlig for det arbeidet du gjør med å hjelpe de døde videre.

Takk, godt å høre at jeg gjør en bra jobb.
Er det noe mer dere vil fortelle meg om solen?

Nei kjære vi er ferdige med Solen akkurat nå.

Hvilken planet vil dere fortelle om nå?

Nå vil vi dele med deg om en planet, som har betydd mye i menneskenes liv.

Hva mener du med det?

VENUS

NASA

Venus er en planet dere liker godt.

Ja, mange om det kjære. Så spennende, hva kan Venus bidra med til oss?

Venus er en meget vakker planet, frodig. Ikke frodig som dere tenker, men frodig på energi planet.
Venus sin frodighet når dere på ett helt spesielt plan.
Ett plan hvor dere kan merke deres hjerter på ett nytt kjærlighets plan. Der finnes deres sjeler i en dvale i kjærlighet, før dere reiser til jorden igjen.

Åh, er det det vi kaller livet mellom livene?

Det er det kjære, dere tror dere er ett sted i himmelen og det er dere jo, men dere bor på Venus. Det er derfor dere har mye fokus på denne planeten.

Hva slags energikropp har vi der?

Dere er der i form av en lyskropp, som ingenting trenger for å leve, da dere svever i kjærlighets energi på ett meget høyt plan.

Forstår ikke, når jeg så Knut tok seg av den døde piken jeg hjalp over, så jeg jo parken og benken han tok henne med til.

(Knut er i familie med en venn av meg, som døde for en del år siden.

Han var den første som jeg fikk i enhet med sin sjel. Ved å bruke min nye setning som er helt magisk.
«hvordan føles det å være ett med sjelen i hjertet ditt?»

Det var han jeg kalte på, når jeg trengte ekstra hjelp, på den andre siden.
Så hvor kommer de først når de er døde?

De er på ett mellomplan som ligner på jorden, men de er ikke på noen planet. Når de går over uten å bli ett med sin sjel, går de på en måte i en skole for å forstå virkeligheten på jorden og hvem de egentlig er.

Ok, så hva slags plan, og hvor er det?

Det er ett energiplan som er vanskelig å forklare, men du har jo sett at det ligner jorden, og det er for at de skal slippe frykt, og føle seg som hjemme.

Takk, det kan jeg forstå viktigheten av kjære. Utrolig hvordan de fleste av oss, frykter det ukjente.

Ja, vi vil jo så gjerne at de skal slippe frykten, derfor dette mellomstadiet.

Slik som mamma og pappa? De kom jo og fortalte meg at nå kan vi ei treffes lengre.

Pappa skulle fødes i ny kropp, for jeg hadde ingen viten om setningen når han døde, «hvordan føles det å være ett med sjelen i hjertet ditt?».
Så han må erfare nye liv på jorden, for å våkne og bli ett med sin sjel.
Min mor klarte jeg og opplyse.
Hun fortalte meg, at hun skulle erfare nye virkeligheter og dimensjoner.
Skulle hun på en ny planet hun da?

Det skulle hun Illia. Hun var klar for videre visdom på ett høyere plan, takket være deg kjære.

Ja, og jeg er så takknemlig for det.

Det å se min mor ved å bruke denne magiske setningen, gå fra å være syk gammel dame på 87 år, til å bli ung og vakker på 2 sekunder foran mine øyne, var for meg stor magi.

Du er en magiker kjære deg, og det er på tide at du innser det.

Det begynner å demre en følelse av egenverd i meg om dagen, og har savnet den hele livet.

Du trenger å innta den følelsen ofte Illia, slik at du kan utrette enda større ting for de som roper på deg.
De trenger deg vet du.

Ja men fortsatt ligger frykten min og holder meg tilbake.

(Min sjel vil jeg skal reise ved å ta med meg kroppen, når noen roper om hjelp! Og mange roper på Seraphim hver dag. Foreløpig har jeg klart å hjelpe de fra der jeg er, med å reise i bevisstheten. Etter hvert reiser jeg med hele meg isteden for kun bevisstheten.
Og dette er utrolig skummelt for meg, som sagt vi frykter det vi ikke vet hva er.)

Den vil forsvinne mer og mer i disse månedene på La Gomera kjære.

Å så bra, trenger det for og kunne utføre mine livsoppgaver på den beste måten.

Det kommer, men lytt og hjelp de så godt du kan hver dag med å reise i bevisstheten så lenge.

Ja, det har vært mange sterke opplevelser på bevissthets reisene også Seraphim. Utrolig hva vi kan klare, med å reise på bevissthetens vinger!

Du er en magiker der kjære.

Hva?, men det er jo så enkelt. Jeg vet ikke helt hva jeg gjør, men jeg kommer frem dit jeg skal ved å følge stemmen når de roper «Seraphim». De fleste som kaller på deg kjære, er de muslimer?

Det stemmer, de har meg som skytsengel i sin religion.

Ja, jeg tror nesten du er deres døds engel også, er du det?

Døds engel og til beskyttelse kjære.

Ja, mange roper for å få hjelp til å gi slipp på sin syke kropp, og komme videre.

ORIONS BELTE

Nasa

Orion er en meget spesiell tåke belte som henger sammen i energien, men er separate partikler.

Nå forstår jeg ikke Seraphim, hva mener du?
Er hele Orions belte en stjernetåke som er ett, men med separate partikler?

Slik er det kjære, der lever alle i hver sin tåke partikkel.

Hva slags virkelighet er det der da?

Der er det en meget subtil virkelighet, hvor mange klumper seg sammen og skaper de partiklene som Orions belte består av.

Hva gjør de der? Hvilken utvikling og erfarings-plan er de på der?

De lever i en masse av tåke partikler som egentlig er små baby planeter.

Jøss det høres rart ut, hva mener du med det Seraphim?

Jeg vil dele dette med ett spesielt ønske, at du lar deg føres dit av meg i fantasien, slik at du selv kan erfare det kjære, med menneskelige ord og termer.
Det er nemlig vanskelig for meg å dele det uten å vise deg det, så vi tar det senere når du er på ett roligere sted kjære.

Wow, grue gleder meg jeg nå, spennende også men gruer meg.

Det går bra kjære, bare la meg lede deg dit.

Slik at du kommer trygt dit og tilbake hit.

Reisen til Orion

Jeg er på stranden i la Vueltas på La Gomera, sitter under ett tre og leser igjennom det jeg har skrevet.

Så kommer jeg på at jeg har glemt/forskjøvet, det å være med på reise til Orion.

Får beskjed av Seraphim å legge meg på maven.

Jeg har Seraphim på min venstre side og Osiris på min høyre side, der vi flyter utover.

Reagerer litt på at Osiris er med.

Plutselig er vi langt ute i rommet og ser mot en melkehvit tåke.

Der er Orion sier Seraphim.

Jeg fornemmer at Orions belte er en enhet, som om planetene er som en virvel i en ryggrad. Som er veldig tett sammenvevd med en tett hvit masse rundt.

Det er som en enhet Seraphim, hele Orions belte er en enhet. Som en kropp på en måte.

Det er det.

Jamen, det er jo forskjellige planeter Seraphim?

**Egentlig ikke Illia, det er en splittet stjerne.
Som blir holdt sammen av den tåke massen forstår du.**

Ok, veldig spesiell energi, nesten som gjennomsiktig melk.
Flytende melk.

Eterisk melke-masse Illia.

Som flyter i en livmor, virker som om den ikke er født ennå føler jeg.

Der har du det Illia, det er planeter som er blitt stoppet i sin fødsel.

Og holdt sammen med et belte som egentlig er en ryggrad, av en sovende kjempe.
Hehe høres rart ut, men det er slik jeg fornemmer det.

Det er riktig det du fornemmer Illia.

Men hvordan kan vi lande der da?

Vi skal ikke ned på dem illia, ville bare du skulle føle på dem.

Det gjør jeg virkelig.
Hodet er den største planeten, er det riktig Seraphim?

Det er riktig Illia.

Wow, jeg føler den roper om hjelp!

Det gjør den Illia.

Åh gud, er det derfor Osiris er med for å frigjøre Orions belte?

Det er det kjære.

Skal vi gjøre det nå Osiris?

Ja, gjerne det Illia.

Men, det vil vel påvirke hele universet?

Det vil det kjære, men det er viktig. Viktig del av utviklingen forstår du, det du skal gjøre i dag.

Så skal du bruke min stemme Osiris?

Osiris sier:
Det trenger jeg Illia, det må jeg for å få det til.
Jeg behøver ikke si det så høyt, men jeg må bruke din stemme. Det er meget viktig forstår du. Og bruke din

fysiske stemme, for å føde denne planet-hopen til virkelig og våkne.

Ok, Osiris. Jeg gir deg lov til å bruke min stemme.
Osiris sier masse ord, på sitt språk som er meget vakkert.
Som sang. Jeg ser ett vesen, som våkner.
Hva vil skje videre med Orions belte da Seraphim?

Det vil stå opp som en ny planet Illia, samle seg som en ny planet.

Hvor lang tid vil det ta?

Noen hundre år Illia, det går sakte vet du.

Og nå takker Orion, for gaven av å våkne.
Jeg visste ikke at det skulle fungere å jobbe i universet Osiris?

Ditt arbeide er å heale, i alle dimensjoner og virkeligheter Illia.
Der mørke er, dit skal du lyse.

Dette er veldig sterkt Osiris. Takk for at du kunne bruke meg som ditt redskap.

Du er det perfekte redskap for meg Illia, vit det.

Ja, jeg vet det. Jeg vet det Osiris, og jeg føler meg veldig beæret.

Det er jeg som er beæret Illia å ha deg som mentor.
Og kunne bruke deg for å virkeliggjøre i dimensjoner og virkeligheter Illia.
Husk på det.

Takk Osiris og takk Seraphim.
Jeg kan jo ikke skrive dette i boken?

Hvorfor ikke Illia?

Ok, da skriver jeg det i boken.
Er vi ferdig med reisen nå?

Det er vi Illia.
Nå lar vi Orion, flyte sammen og skape seg selv.
Han har våknet av dvalen sin nå.

Takk for denne magiske reisen Seraphim.
Takk Osiris, takk vår Gud/kjærligheteslyset, takk.

PLEIADENE

Pleiadene føler mange at de kommer fra, og det stemmer. De fleste urbefolkningsgrupper levde på pleiadene før de kom til jorden.
De er jo blitt meget utvannet etterhvert, vi finner jo kjærligheten i forskjellige raser.
Derfor er det meget få rene pleiadere igjen på jorden.

På pleiadene lever de i en virkelighet av jordisk kjærlighet. Altså respekt og kjærlighet for alt levende.

Det er fordi på pleiadene er det en virkelighet som ligner litt på jorden, men på ett energiplan. Energi kropp, lys kropp lik deres kropp her på jorden.
De lever i en symbiose, hvor alt er ett, men alle har adskilte kropper. Altså ett lignende jordisk liv men med lysbølge kropp isteden for fysisk kropp.
Der er det også andre levende som har valgt å påta seg en dyr eller insekts kropp.
Derfor har urbefolkningen slik respekt for alt levende, for de vet at det kan være deres familie de finner i ett tre, insekt og alle andre levende vesener.

Hva er de der for å erfare Seraphim? Erfarer de på ett lignende plan som på Sirius?

Nei kjære, her er det ett mye mer adskildt liv, hvor de øver seg mere på å takle de mellommenneskelige relasjoner. Hvordan samhandle til det beste for helheten.
De lever fortsatt i kjærligheten til alt som er, som de hadde på Venus.

Hvorfor er vi så forskjellige her på jorda? Vi kommer fra forskjellige planeter ned til en felles jord.
Må være vanskelig for dem og betrakte, hvordan vi forurenser vår vakre planet!

De er fortvilte nå kjære, men tidligere klarte de seg selv og levde i pakt med alt.
Så kom den hvite rase fra Sirius og hadde ingen visdom å leve etter pga. av at egoet styrte alt.
Så de er mye mer primitive enn urbefolkningene noen gang har vært kjære.

Ja det forstår jeg.
Er jeg ren Siriusianer, nei er nok blandet jeg?

Du har en meget god blanding av forskjellige urbefolkninger og den hvite rasen.
Du har både aboriginer og indianer gener i deg sammen med de hvite genene.

Da forstår jeg bedre min fortvilelse over den hvite rasen.
Hvorfor skulle vi møtes her på jorden?

Det er for å lære den hvite rase samarbeid.
Men de trodde de visste best, og har ødelagt mye opp gjennom tidene for urbefolkningene, men det er ut fra uvitenhet.
Husk de er her for å erfare fysisk liv, og klarer det dårlig på mange plan.

Da lurer jeg på, fikk urbefolkningen en annen type overlevelse hjerne, enn den hvite?
Følte veldig sterkt at du ville jeg skulle spørre om det kjære?

Ja det her er viktig, forstår du.
De fra Sirius, den hvite rase ble gitt en reptil for å overleve.
Men de fra Pleiadene fikk en mus for overlevelse.

Så heftig, det var viktig opplysning kjære, så mye lettere å forstå forskjellen på oss.
Virkelig, der er jo forskjellen på oss i ett nøtteskall.
Fantastisk viten du ga meg der kjære.

Ja det er godt å vite, hvorfor vi er så forskjellige, det setter ting på plass.

Ja der har vi jo de felleskap-søkende og samlende musene, kontra de alene levende reptilene.
Morsom viten kjære Seraphim.
Sikkert mange som kommer til å reagere på dette med mistro, men de får tro som de vil.

Ja de har jo så vanskelig å tro på at det finnes en reptil bakerst i hjernen, som styrer deres begjær.
Og da en mus for urbefolkningen som tenker på å samle folk i fellesskap.

Er det mer du vil dele om pleiadene?

Nei nå går vi til neste planet-hop, Myriadene.

MYRIADENE

Myriadene, de er ukjente for meg. Hvor er det i universet?

Myriadene er ett sted mellom Pleiadene og Sirius som sjelden sees på stjernehimmelen, men allikevel er viktige for menneskene.

Der kommer dyrene fra som vi kjenner fra eventyrene, men også demonene, dragene og enhjørningene.
Alle mytiske vesener kommer fra Myriadene.

Så spennende, så når jeg red på pegasusen så kom den fra Myriadene for å bistå meg?

Det gjorde den kjære, du har mange venner derfra. Du er fra Myriadene du Illia fra opprinnelsen.

Så hva er jeg opprinnelig da?

Du er en vakker drage kjære som har valgt å bistå oss for å redde planeten jorden.

Dette blir helt sykt for meg å høre kjære, og føler meg både syk og beæret?! Så jeg har ingen reptil, men en drage!
Så er det derfra jeg har navnet mitt, Illia lys dragen?

Der har du deg kjære.

Å ble plutselig så utrolig rørt, har jo sett på drager som skumle, men også fascinerende vesener.

Takk illia, for at du tok dette så lett, som nå.
Vi hadde trodd du skulle bli redd forstår du.

Ikke redd men utrolig sjokkert, må slutte nå og fordøye dette.

Nei, blir så nyskjerrig. Er det derfor jeg reiser så lett i virkeligheter og dimensjoner?

Det er det kjære.

Blir så merkelig det her Seraphim, men jeg synes jeg tar det veldig lett?
Trodde nesten jeg skulle bli redd jeg, men bare undrer meg over hvilken kapasitet vi mennesker har i vårt indre.
Vi kan jo være hva som helst, og bestå av mange deler i samme kropp.
Merkelig syntes jeg da, men jeg åpner meg for å erverve forståelsen for hvordan dette kan være mulig. Men må jo si jeg ønsker meg en forklaring på sammenhengen og hvordan vi egentlig er skapt? Er dragen i kroppen min eller i auraen?

Den er like mye i kroppen din som oss kjære.

Hvordan kan det være? Er jeg en drage istedenfor en reptil, som har blitt født i en kropp for å bistå dere da?
Jeg trenger en ordentlig forklaring på dette kjære.

Ok, dragen manifesterte seg inn i fosteret rett før fødselen. Slik at du er bevisst når du blir født at du er en drage. Husk du har alltid ønsket å fly, tatt hangglider sertifikat nesten ferdig, ønsket å ta flysertifikat og fly luftballong! Du kan lett se for deg hvordan du svever rett over trærne, og ser deres kroner og fuglereir. Det er fra livet som drage, som gjør at du savner å fly.

Dette er så heftig, og det er sant. Jeg har ingen behov for å fly høyt, bare over trekronene. Kan du forklare mer kjære?

Ja jeg kan fortelle deg, at vi søkte lenge før vi fant den rette til denne viktige oppgaven.

Hva mener du søkte? Jeg trodde du alltid har vært min sjel kjære og at Osiris kom etterhvert?

Ja slik er det, men mens jeg var i tidligere kropper så forsto vi at det trengtes noe mer for å få dere til å våkne. Det var ikke nok med en sjel, for egoet i hodene deres hadde overtatt makten så totalt, slik at dere trengte noen med store krefter for å vekke dere.

Så alle er vi drager, og andre vesener?

Neida kjære, bare de med viktige livsoppgaver.
Vi trengte noen som kunne bevare det spirituelle gjennom hele livet, for og klare å våkne og bli ett med sin sjel.

Og det virket med dragen din, fantastisk hvor lett det har vært å arbeide med deg.
Tross din store frykt som vi skapte, for det åndelige.
Dette kunne aldri skjedd kjære, uten en drage.
Derfor har du en drage som hjelpe sjel i dette livet, derfor har du alltid sett engler.
For du forlot aldri helt, engleriket forstår du.
Dragen din har hele tiden vært i vår magiske virkelighet, og reist i dimensjonene med deg.

Det er veldig vanskelig, å fordøye det her.
Men hva annet kan jeg gjøre, enn å takke dragen for vel gjennomført oppgave. Takk Illia!
Så hva gjør jeg nå videre i livet mitt, drar dragen hjem?

Neida kjære, du er den dragen. Manifestert i fysisk kropp, den er deg kjære.
Vi forstår at det er vanskelig å se, føle deg selv som en drage nå som du har en fysisk kropp. Men du er jo den dragen, men manifestert i en menneskekropp.
Så lev som normalt, du trenger ingen forandring på ditt liv.
Men nå vet du hvilke egenskaper du har med deg i fødselsgave.

Hvilke gaver er det?

Gavene er mange kjære, men mest av alt at du er i engleriket med oss. Og har klart å opparbeidet full tillit til at alt legger seg tilrette, for å hjelpe deg fremover på din sjels vei.

Får hodepine av det her jeg, er det p.g.a. dragen?
Den er på en måte blitt mye tydeligere i meg etter i går.
Jeg vet ikke helt hva som skjer med meg?
Føler meg forandret, bare ved det å vite at jeg er en drage.

Det kan jeg forstå kjære, å være en drage er en magisk ting forstår du.

Er det, hvordan da?

Du er på en måte både menneske-engel og drage på en gang.

Hvordan kan det hjelpe meg videre da?

Ved at du får en større styrke i din utvikling nå som du har tatt inn det å være en drage.
Det å fordøye det slik du gjorde er helt magisk kjære.

Forstår ikke hva du mener med det Seraphim?

Det som skjer videre i din utvikling nå er at alt vil gå enda lettere for deg.
Du har hele tiden spurt oss, hva du skal gjøre.
Men du merket jo nå, at det gikk helt av seg selv.

Det gjorde det faktisk, merkelig, jeg satt akkurat å lurte på om jeg skulle spørre dere?
Men så kom bare tanken/følelsen, at jeg skal bare la det skje.
Og det var så enkelt, det er nok det dere har bedt meg om å gjøre tidligere. Har bare ikke fått til den automatikken før nå.
Og det føltes så godt, det å la ting skje.
Tidligere så har jeg alltid planlagt, ingenting har skjedd helt av seg selv. Og det var deilig og erfare kjære dere. Det er som om jeg har fått en ro, som har vært fraværende i hele mitt liv.
TAKK.

Godt å høre kjære at du føler det, vi trodde du skulle mestre det for lenge siden. Vi ble litt utålmodige med deg, for vi forsto at du ei var klar for den automatikken.

Takk kjære dragen for roen og flyten du ga meg. Takk.

Vi havnet litt på avveie nå kjære, er vi ferdig med Myriadene?

Neida, det er masse å fortelle derfra.
Der er eventyrene sanne og alt er mulig, og kun en tanke unna, slik som du hadde det i barndommen og som du opplevde i februar å ri på løve vennen din.
Den dagen var du på Myriadene, og erfarte paradis.
Der er alle dine åndelige venner fra mange virkeligheter og nyter paradis som en vente-station på vei til andre virkeligheter.
Her er det dimensjoner som gjelder, hvor vi erfarer på engle-planet.

Hva mener du med å erfare på engle-planet?

Jo, der er alle englene før de bestemmer seg for å reise til andre virkeligheter og erfare kroppen på forskjellige plan av eksistens.

Så det er vårt paradis?

Det er det kjære, der kan vi være så lenge vi ønsker som ett pause sted. Hvis vi trenger å opparbeide mer glede og livskraft eller livsglede etter livet på jorden.

Å ja det kan jeg forstå, så godt det må være å komme dit etter de vanskelige livene i fysisk kropp.

Ja, da trenger vi det paradiset før vi bestemmer vår videre reise. Enten i nye virkeligheter på andre planeter og stjernetåker, eller reise i dimensjonene.

Å, nå venter jeg spent på neste planet. Hvor er det?

Det er på Andromedia

ANDROMEDIA

Å det har jeg hørt mye om, det er nok mange som var der før de kom på jorden.

Neida kjære, dere klarer ingen mellomlanding der før dere er blitt ett med deres sjeler.
Det er en virkelighet som er sterkt preget av demoner og andre tunge vesener.
Dere reiser dit for å hjelpe til når dere er ett med sjelen.
Før det klarer dere ingenting der annet enn fortapelse i de mørke energiene.

Uff, høres trist ut.

Ja det er ett trist sted, for de som er bundet til de mørke energiene.
Der er det virkelig mulighet for å vokse på sjeleplanet.
Dette er en viktig oppgave for de modne sjelene som har bestemt seg for å løfte deres energi nivå, slik at de kan utvikle seg tilbake til lysvesener.

Hva mener du med lysvesener?

Engler kjære.

Ok, så trenger alle som er ett med sjelen sin å dra dit for å vokse?

Neida kjære slapp av, du har allerede bekjempet demoner og har erfart nok av det allerede du.

Åh, det likte jeg å høre.

Ja det er en tøff mellomlanding, men sjelene velger den erfaringen de trenger, hvis de er uten den erfaringen på jorden slik som du har kjære.

Ja, det har vært tøffe ting.

Det har det, men du har mestret det meste, fordi du er den lysdragen. Ellers hadde du ei klart det uten vår hjelp kjære.

Så bra, så det er derfor jeg arbeider så lett med de mørke energiene?

Det er det så absolutt.

Ok, så hvor lenge er de som regel på Andromedia?
Men det er vel ingen tid der, som andre steder i universet?

Slik er det, som sagt er det kun her i den fysisk virkelighet som tiden kan regnes i timer, dager, uker, måneder og år. Der lever de utenfor tid, så på jordetid kan de være der fra 10 til 100 vis av år.

Så tiden går fort der i forhold, slik som reiser i dimensjonene?

Slik er det.

Er det mer du vil fortelle, om Andromedia?

Nei kjære, ville bare innom den for å forklare deg utfordringene som venter der.

Slik at du kan fortelle det til de døde, at dit vil dere ikke komme. Slik som du har reddet sjeler fra mørket nedenunder.

Var jeg på Andromedia da?

Det var du kjære, der reddet du Marianne.

Å, trodde det var dypt nede i jorden jeg?

Neida, men pegasusen fløy ned kun det siste stykket av veien ikke sant.

Jo det stemmer kjære Seraphim.

Du kjenner Andromedia og deres mørke, derfor klarte du å hjelpe henne inn i lyset.

For ett forferdelig sted.

Ja det er det mørkeste stedet i hele universet.

Er det virkelig det kjære?

Det er det! Så nå venter ingen flere demoner på deg kjære, for de vet at du mestrer mørket.

Godt å høre Seraphim.

MALUKKENE

Hvilken planet eller virkelighet vil du dele i dag kjære?

I dag vil jeg fortelle om Malukkene.

Hvor er de planetene?

Det er en stjerne-hop, som ligger i en annen dimensjon.

Hva er det?

Det er en dimensjonell virkelighet på plan med livet på mars.

Hva slags virkelighet har de der?

De lever i en symbiose med hverandre på ett plan som fører de sammen, på en måte som en magnet tiltrukket av hverandre.
De klarer ei å se noen adskillelse, men de lever allikevel i sin egen virkelighet på mange plan, på en gang.

Hvordan kan vi forstå det Seraphim?

Tenk på å våkne i en drøm, så kan du reise i drømmen videre. Så kan du oppleve en ny drøm i drømmen. Slik opplever de mange forskjellige virkeligheter bevisst, altså uten å drømme.

Jøss det må føles kaotisk, å oppleve mange virkeligheter på en gang?

Neida, det er deres evner å skape disse virkelighetene. For å erfare de forskjellige virkelighetene samtidig, altså synkront.

Forstår ikke dette jeg Seraphim.
Kan du forklare det på en annen måte for meg?

Det er den måten jeg kan forklare det på som du kan fatte. Husk alt er annerledes enn her, så det blir vanskelig å forklare med ord.
Og du har ingen mulighet til å klare å erfare det på en reise dit.

Men hvorfor er det viktig for oss å lese om dette, hvis det er så vanskelig å forstå?

Det er en del av forberedelsene før jorden, som noen velger etter Sirius før de blir født på jorden.
De som har vært der snakker ofte om Lucide drømmer, derfor har jeg tatt dette med i denne boken.

Da forstår jeg kjære, mange er opptatt av de Lucide drømmene sine.
Er det mer du vil fortelle om Malukkene?

Nei det var alt derfra kjære Illia.

SOLEI

Kjære Seraphim hva vil du fortelle oss i dag?

I dag vil jeg ta dere med på en reise til en helt spesiell virkelighet.

Å, høres spennende ut Seraphim, hva slags virkelighet er det?

Det er en virkelighet med mange farger, som ett kaleidoskop.

Slike som jeg så i høst?

Du var der på en liten tur med meg under meditasjonen kjære.
Der så du de vakre mønstrene, mandalaer og fraktaler.
Cellenes energi i evig bevegelse. Der lever de på celle planet, med mange ulike typer for virkelighet på en planet.

Jøss, hva mener du med virkelighet.

De gjør ingenting der, de er på en måte kun celler i ett mandala!

Høres magisk og merkelig ut. Hvor lenge er de på den planeten, og hva heter den?

Den heter Solei og de kan være der til de er tilfredsstilte med å skape de vakre mandalaene sine.
Noen blir der veldig lenge, og andre drar fort videre.

Hvor finnes denne virkeligheten Seraphim?

Den finnes bakenfor den himmelen dere kan se, over i en annen dimensjon av virkeligheter.
Jeg nevner denne planeten, for det er så mange som er opptatt av hellig geometri. Dette blir en form for hellig geometri som man kan føle som forskjellige stemninger.

De påvirker dere på ett meget høyt plan, så viktigheten av balanse i mandalaen er ytterst viktig, for å opprettholde balansen i deres kropp.

Mange leker seg med geometri, men dette er ingen lek. Det er å fikle med energiene på ett meget høyt plan.
Slik at innvielser i denne viten er meget viktig!

Det kan jeg forstå kjære, så lenge det kan ødelegge vår kropps balanse.
Er det mer du vil fortelle om dette?

Nei, dette er for de som elsker og er meget fascinert av hellig geometri og fraktaler. De har nok vært en del av en mandala, og derfor sitter det gode følelser igjen i deres referanse-kammer.

Hva mener du med referanse-kammer Seraphim?

Det er deres hjerte-chakra senteret for kjærligheten.

Takk, for spennende viten Seraphim.

MARS

Hva vil du fortelle oss nå?

**Nå går vi over til mer hjemlige planeter og deres virkeligheter.
Jeg vil dele med dere livet på Mars.**

Så spennende, gleder meg kjære.

**Livet på Mars er en helt spesiell atmosfære av følelser.
Følelser på alle plan, som skapes ut fra deres memoarer av tilfredsstillelse.**

Forstår ikke hva du mener kjære. Er det mulig å forklare det på en annen måte?

**Der lever de i kropp på barneplanet, barn er jo meget direkte.
Der lever de ut sitt sinne, hat, alt som er i deres memoarer fra jorden.
De har altså ingen formening om deres sjel i hjertet sitt.
De lever kun ut fra sitt reptil ego, med sine tilfredsstillelse av å leve ut sine følelser på alle plan men uten å skade andre enn seg selv.
Deres handlinger går direkte tilbake og treffer de som sender følelsen ut fra seg. Som en boomerang kommer**

slaget som ingen traff, tilbake og treffer de som sendte slaget ut.
Fra årsak til virkning på sekundet!

Jøss, så merkelig.
Hvorfor er de der?

De er fortsatt meget ubevisste om sin sjel og sitt ansvar, for å skape ett godt liv, derfor trenger de den tiden der.
De trenger den tiden for å våkne, og forstå at slikt kun skaper vonde opplevelser, og ett dårlig liv for seg selv.

Merkelig, men hvorfor?
Når jeg hjelper de døde hjem, ett med sin sjel. Så kan de jo ha vært døde i hundrevis av år.
Så hvem er det som kommer til Mars?

Det er de du hjelper, og andre døde som har funnet veien, men har ingen kontakt med sin sjel.

Ok, noen jeg hjelper videre som ikke vil bli ett med sin sjel, som jeg bare lar gå videre på en begrenset måte?

Det er det kjære.

Blir lei meg jeg nå, stakkarene. De får jo en merkelig opplevelse der da.

Hva skjer med de, når slagene kommer i retur fra dem selv?
De blir nok meget sjokkerte.

Det gjør de kjære, men da lærer de av sine handlinger med en gang. Så slutter de fort med slik oppførsel.
Så går de videre der på skole, for å forstå det. Og erverver forståelse på mange plan av sine memoarer.
Så reiser de videre tilbake til jorden, for å kunne høste av sin lærdom.

Jøss merkelig virkelighet.

Ja, det er det, men ett sted må de kunne være frie.
Til å leve ut all innestengt frustrasjon, når de døde før det skjedde på jorden.

Kan forstå at det trengs!? Men allikevel en merkelig virkelighet, men Mars er jo en kriger planet, så ja.
Var det alt om Mars Seraphim?

Det var det kjære. Nå tar vi en pause til neste planet.

RORORTA

Hvilken planet vil du dele med oss i dag kjære?

I dag vil jeg ta dere med på en reise i hukommelse.
En reise til ett sted dere har mange relasjoner til, og minner fra.
Det er planet-hopen Rorota.

Aldri hørt om før Seraphim, hvor er det?

Det er på den andre siden av en virkelighet for dyrene.

Forstår ikke jeg nå, en annen side av en virkelighet for dyrene?

Ja kjære, der lever dere som dyr og insekter, med ett rent natur-liv, men uten den fysiske naturen.
Det er en åndelig natur, hvor alt er farger i forskjellige nyanser. Alle dyrene og insektene har vakre farger, akkurat slik som det bilde du har, hvor du kan se det ultrafiolette lyset på blomstene.

De lyser i farger og det er veldig vakkert, og sanselig.
De sanser fargene mer enn de ser dem, for der har hver fargenyanse forskjellige følelser, stemninger av virkeligheter.

Hvorfor er de der kjære?

Der er dere for å erfare at alle vesener er likeverdige med hverandre, uansett farge eller utseende og kropp.
Dette er ett mellomstadiet før dere forlater den fysiske virkeligheten for godt.
Der kommer dere for å lære at vi alle er fra samme kilde GUD, det ledende kjærlighet-lysets prinsipp.
Det er mange som trenger å være der etter å ha spist andre vesener i tusenvis av liv.
Der lærer de, at vi alle er en familie.

Det burde de kanskje ha lært før ett liv på jorden kjære.

Nei, det er en mye høyere energi der enn på jorden. Så dit kommer de som har åpnet hjertet sitt litt, selv om de fortsatt spiser sin familie i andre kropper.

Ok, er det mer du vil dele om livet på Rorota?

Nei kjære, det er nok om Rorota.

Takk, spennende men forstår ikke så mye av det, men allikevel interresant Seraphim.
Er det flere planet hoper du vil dele i dag kjære?

Nei, det var alt for i dag Illia.

PLUTO

Gleder meg til å høre hva du vil fortelle oss i dag kjære Seraphim!

I dag vil jeg dele om Pluto.
Pluto er en magisk planet, hvor de lever i en sær virkelighet med mange fasetter.
Med mange fasetter, mener jeg forskjellige virkeligheter på en og samme planet.

Det trenger jeg en forklaring på kjære Seraphim.

Med flere virkeligheter mener jeg, at det er mange som aldri ser mer enn en virkelighet av gangen. Men det finnes mange virkeligheter på Pluto.
Den mest kjente virkeligheten er den fysiske, men her har de lyskropper isteden for fysiske kropper. De har en vakker kropp av lysbølger som ser ut som deres fysiske kropper.
Det er mange som ser mennesker fra Pluto og tror de er engler, men de er lys-kropper fra Pluto, som ser ut som engler.
Men selvfølgelig uten vinger som du ser om dagen Illia, når du hjelper de døde hjem.

Deres virkelighet er som sagt splittet.

Delt i forskjellige soner, som flyter i hverandre, men allikevel adskilte med memoarer om sine virkeligheter.

(Det jeg ser når jeg hjelper de døde hjem, er engler med vinger som kommer for å følge de den rette vei videre til den andre siden. Jeg spurte Seraphim hvorfor de har vinger, for jeg ser kun lysbølger rundt englene.
Seraphim svarer: det er for at de ei skal bli redde når det kommer fremmede for å møte de.)

6-2-21
Vil du fortelle mer om Pluto kjære Seraphim?

Det trengs illia, for å forstå hva dere kan lære der.
Der trenger dere hjelp av store mestere for å sammenføye virkelighetene, som er deres livsoppgave der.

Skal virkelighetene sammenføres, eller mener du å klare å se igjennom det som skiller dem?

Å se det som skiller dem er nødvendig for å klare å komme videre i andre virkeligheter.
De kommer ingen vei videre, før de har klart det.

Så de kan være flere liv der da, selv om de har lys-kropp?

Slik er det kjære, derfor er det så mange som synes det er greit å være mange liv her på jorden. For de er allerede vant med gjentagelse av liv fra Pluto.

Så mesterne da, som skal hjelpe de å se resten av virkelighetene de lever med rundt seg.
Hvem er det?

Det er store mestere og engler slik som på jorden kjære.

Så de har også sine livsoppgaver, slik som oss, som skal bli ett med sjelen og å utføre våre livsoppgaver.
Skal de gjøre det samme?

Ikke helt det samme som dere kjære, dere har jo en meget begrenset kropp, som de slipper og erfare.
De erfarer mer følelser og mirakler i deres virkelighet, selv om de er begrensede fra å se alt som ER.
De ser med sine følelser mer enn øynene, for det som skjer i deres virkelighet er på andre plan enn det fysiske. Så deres referanser er meget annerledes enn deres.
Deres referanser er tempererte følelser og virkelighets-erfaringer på mye høyere plan enn det fysiske.

Kan du forklare mer utdypende Seraphim?

Ja kjære, men jeg tror det blir uforståelig for deg.

Selv om du har høy bevisst i denne virkeligheten, har du lavere enn de på opplevelse fronten. Så å forklare dette for dere blir uforståelig.

Nå ble jeg nyskjerrig, men tror kanskje jeg slipper den virkeligheten. Eller har jeg allerede vært der?
Jeg føler en følelse av gjenkjennelse i min kropp og bevissthet.

Det kan jeg forstå Illia, du har vært der i flere liv, så du trenger ei den erfaringen på nytt.
Selv om du kun husker en svak fornemmelse, så er du ferdig i den virkeligheten.
Den er vakkert lagret i dypet av din bevissthet kjære.

Jeg kjenner fortsatt en merkelig stemning derfra, og jeg regner med at du hjalp meg med hukommelsen på den stemningen?

Ja du trenger og erfare de forskjellige virkelighetene på en forsiktig måte.
Kun for at du skal vite at du har kjennskap om dette i din bevissthet,

Spennende Seraphim, en helt ny ukjent stemning.

Og mer spennende blir det kjære, du har jo klart å reise med meg og Osiris til flere planeter.
Og flere reiser blir det igjennom forklaringen i denne boken.

Gleder meg, men også litt skummelt. Jeg vet jo aldri hva jeg får erfare, men jeg føler meg trygg på deres beskyttelse.

Det er bra, for du trenger full tillit for å klare å komme trygt hjem hver gang vet du.

Å, det har jeg ingen formening om. Dere gjør nok slik at jeg skal slippe og bekymre meg.

Det gjør vi kjære.

Vil du fortelle noe mer om Pluto?

Nei, vi er klare med Pluto.

Så spennende, hvem er den neste planeten?

Å, så det er du nyskjerrig på?

Ja, dette blir jo mer og mer spennende Seraphim.

Det er jeg glad for å høre kjære, da blir jeg mer ivrig også på å dele mine opplevelser med disse planetene.

MORFO

Den neste vi skal snakke om nå er Morfo.

Har aldri hørt om Morfo.

Det er naturlig Illia, den ligger langt vekk fra deres kjente stjernebilder og stjernetåker.

Så over i ett annet univers?

I det samme univers, men milliarder av lysår bortenfor deres galakse.

Å, husker jeg fikk besøk fra Atlas galaksen.
Det var en meget sterk erfaring for meg kjære.

Det husker jeg Illia, du ble meget skremt da.
Det var høsten 2019, du trodde du skulle bli okkupert av mørke krefter.

Jeg ble så redd. Men så skjerpet jeg meg og startet en samtale for å finne ut hva dette var.
Vil du jeg skal fortelle dette nå Seraphim?

Nei, vi venter til vi kommer dit kjære.

Vi skal nemlig besøke Atlas Galaksen på en reise.

Wow, jeg gleder meg.
De var så bekymret for energien i universet nå. De sa at frykten sprer seg, utover i hele universet fra jorden på grunn av covid.

Ja det er tøffe tider for både jorden og menneskene nå kjære.

Hvilken planet vil du fortelle om nå Seraphim?

Gled deg Illia, nå blir det ytre rom vi skal snakke om. Alle er så fascinerte av aliens, at mange føler at de ER alien. De er ei aliens i dette livet selvfølgelig, men de har levd mange liv i annerledes kropper.

Ja, jeg har hatt besøk fra noen, tror det har skjedd flere ganger.
Den ene gangen var når jeg hørte en merkelig lyd bak meg når jeg var på vei opp trappen til huset. Jeg snur meg for å se, det neste jeg erfarer er å våkne neste morgen.
Jeg har ingen fornemmelse av hva som skjedde og om det skjedde noe?

Det skjedde masse den kvelden illia, men du har hatt mange møter før det, men vi har fjernet det fra din hukommelse.

Hvorfor det?

Det hadde blitt for tøft for deg og huske det du erfarte der kjære. For det var ikke noen god planet ufo du var i den gangen.

Hva med de små grønne som hentet meg opp når jeg bodde der jeg bor nå, ca 2004?

De var noen meget primitive aliens, med meget høy IQ, selv om det var stort sett det eneste de bestod av.
Ingen følelser eller emosjoner, kun utvikling av hjernen og bevisstheten er deres mål.

Tror de opererte noe inn i hodet mitt Seraphim, for jeg var bevisst selv om jeg ei hadde noen opplevelse av smerte.

De opererte inn en sensor i din hjerne kjære.
Den kan de lokalisere deg på i hele universet.

Hvorfor trenger de å følge meg?

Det er fordi du har en meget høy bevissthet og mange av oss store sjeler med deg. Så de trenger deg til å holde universet samlet.

Hva, jeg vet jo at Osiris får opprettet linjer gjennom meg, for å holde jorden i sin posisjon rundt sola.
Men universet, det høres helt vilt ut!

Det er vilt illia, men husk du har Osiris som livs oppgave sjel. Og han har meget, høy bevissthet. Han er jo alien, og reiser i alle virkeligheter og dimensjoner akkurat når han vil.
Du har jo vært med på en reise med ham til hans planet Sirius.

Ja, en spesiell opplevelse for meg, for det var min første reise i rommet, som jeg husker da!?

Du har reist mye mer med Osiris enn du kan tenke eller favne kjære. Men slapp av, du liker fortsatt å sove.
Når du sover tar Osiris sine reiser med din bevissthet.

Men, hvordan kan det gå til da? Jeg drømmer mest om å hjelpe menneskene ut av vanskeligheter.
Redder de opp i flyvende objekter, har jeg gjort i flere drømmer.

Slapp av kjære, ingenting å frykte.
Osiris er avhengig av deg helt og fullt for å redde jorden, så kan du virkelig nå prøve å fatte hvor verdifull du er for oss og alle andre i universet?
Hvis jorden dør, så sprer den dårlige energien seg utover i hele universet.
Det får konsekvenser vi ei skal nevne, for om mulig gjøre en skapelse med bilder i ditt hode kjære.
Så slipp dette NÅ, det er meget viktig. Du vet jo at bilder skaper på samme plan som tankene, så gi slipp!

Det er greit, men jeg fikk en stor følelse opp at våre søstre og brødre i universene er redde nå.
Menneskene drar det jo helt ut i det primitive nå.
Covid skaper frykt over hele planeten jorden, når til og med andre galakser merker disharmonien, da er det ille på gang her.

Det er det kjære, det er derfor vi har en tendens til å mase på deg kjære mester?

Føler meg så fortvilet.
Skulle så gjerne mestret ting mye raskere, men min ubevissthet har jo vart i mangfoldige år.
Så øvelse gjør mester, men øvelsen på bevisstløsheten har vart så lenge.

Vi klarer det i felleskap kjære, for når du virkelig er bevisst så er du en magiker.

Synes det er slitsomt med alle de døde i auraen som styrer meg til å flyte med, istedenfor å velge bevisst her og nå. Men nå sporer jeg av, skal jeg slette dette kjære?

Neida, det er viktig at menneskene får lese om din kamp for å være bevisst. For de fleste er jo meget ubevisste på sine valg gjennom dagen.
Og dette har gjort at det blir en hinne foran magefølelsen/intuisjonen som jo gjør det enda vanskeligere å høre og følge intuisjonen.

Ja, ble så lei meg når jeg hørte du eller Osiris sa det.

Det var Jesus som fortalte deg det kjære.

Klarer sjeldent å huske hvem som sa hva, for det går jo i ett med mine samtaler med dere alle sammen gjennom dagene.

Og det er så vakkert med våre samtaler kjære.
Så sett på deg hodetelefonene og lat som du snakker i telefonen hver dag. Så får vi gitt deg ennå mer healing, så vi kommer fortere høyere opp i bevisstheten kjære deg.

Det skal jeg gjøre kjære Seraphim.

I dag er det nymåne, og jeg ligger i hengekøyen på stranden og skriver.
Ved siden av spiller noen på den flate metall trommen sin.

Ok, Seraphim tilbake til Morfo.
Fortell om Morfo. Høres spennende ut?

**Det er ett meget spennende sted kjære, noe helt utenom det vanlige. Der lever de som alien men med kropper nesten som oss. De ligner litt på Osiris, men med litt mer menneskelig utseende selv om de har hvit hud.
Deres virkelighet består av oppsamlinger av energier i deres bevissthet som blomster i alle farger.**

Nå forstår jeg ikke hva du mener Seraphim?

Det er vanskelig å forstå kjære, så vi vil ta deg med på en reise dit med en gang.

Ja, men jeg er jo på stranden med mange mennesker, går det likevel?

**Jada du slapper alltid best av når du ikke er alene kjære.
Da vet du at du får hjelp hvis noe skulle skje.**

Skal jeg ligge i hengekøyen eller på stranden?

Ligg i hengekøyen og lat som om du snakker i telefonen under hele reisen. Du trenger å forklare det underveis slik at du får skrevet det ned etterpå kjære.

Ok, da reiser vi. Er det noe spesielt jeg skal fokusere på?

Fokusere på dyp jevn pust.

Seraphim og Osiris holder meg i hver sin hand, Osiris ved høyre hand og vi går utover fra stranden inn i himmelen.

Jeg ser en stjernetåke langt der ute Seraphim.

Vi skal langt forbi den kjære.

Der ser jeg noe rart, tror det er ett sort hull?

Det er det, og det er mange av dem.

Hva er de sorte hullene egentlig?

De er åpninger Illia.

Åpninger til andre virkeligheter eller dimensjoner?

Åpninger til andre dimensjoner.

Å der ser jeg mange flere, på rad og rekke.
Det er ikke alle som er sorte, noen er hvite også.

Mange er hvite illia, men de synes ikke så godt som de sorte.

Det er nok lettere og se de sorte ja.

Det er det kjære.

Nå er det akkurat som jeg er borti en hinne?

Det er hinnen til ett nytt univers illia, andre universer enn deres.

Bare sklir vi rett igjennom?

Ja, kjente du ikke det?
Det kjentes ut som du tok en dyp pust illia.

Ja, jeg gjorde det. Er det mange lag, kommer det hinne på hinne?

Vi skal igjennom 5 hinner.

De ligger så tett, hvordan kan det være andre universer?

Vi samler dem for deg Illia.

Så sterkt.

Det var meningen med den tromme spillingen skjønner du.

Jeg skjønner det, det drar meg veldig den rette veien.

Det gjør det kjære.

Nå er vi på den tredje hinnen, her skjedde noe merkelig med meg føler jeg.
Det er akkurat som jeg kommer i en helt annen stemning eller følelse! En ny referanseramme på en måte.

Du kom i en tilstand som påvirker hjernen din.
Slapp av, alt er trygt og godt.

Ja, jeg føler det.
Bare så annerledes energi, men jeg klarer ikke å forklare den. Jeg kjenner jeg får vondt i hoften, kanskje jeg ligger litt skjevt?

Den siste hinnen kjente jeg skikkelig Seraphim, som en gele hinne. Tykk vannhinne på en måte?

Eterisk hinne, åh, her var det mye rosa Seraphim.
Nå er jeg over i en rosa virkelighet, men det er ingen planeter her?

Nei Illia, det er ingen planet vi skal til, det er en væren vi skal til.

Nå rykket det i hele kroppen.
Så jeg er kommet inn i en ny væren, i et helt nytt univers.
Morfo universet, jeg kjenner det verker i armen også, veldig sterke energier her.

Her får du mye healing Illia.

Det høres bra ut.
Ah, akkurat som jeg smelter inn i deilig rosa kjærlighet.
Jeg kjenner hjertet mitt vil gråte. Det er akkurat som om jeg er kommet hjem på en måte, men selv om det ikke er mitt hjem så er det mitt hjem.

På ett plan illia så er det ditt hjem, du har vært her så mye så du husker det stedet her.
Ett sted med bare kjærlighet Illia.

Jeg hører stemmen min bli helt annerledes.
Det blir tyngre å snakke.

Ja, det er ingen dimensjon for samtaler det her Illia.
I hvert fall ikke med fysisk stemme.

Jeg merker det Seraphim, jeg merker det for jeg snakker veldig langsomt.
Jeg klarer ikke helt og få tak på hva som skjer der.

Det skjer ingenting her illia.

Gjør det ikke?

Det skal ikke skje noe her, her kommer vi for å fylle på med kjærlighet Illia.

Åh, så vakkert Seraphim.

Det er en dimensjon bestående av kjærlighet Illia.
Hadde du vært her for ett år siden, så hadde kjærligheten vært mye sterkere.
Da hadde du reagert mye sterkere og du hadde begynt å gråte med en gang du kom inn.

For Jordens påvirkning, påvirker også dimensjonene Illia med sin energi.

Så trist.

Denne boken om planeter og deres virkeligheter Illia er meget viktig skjønner du.
Så menneskene kan slutte å lengte ut, og være her helt og fullt. Og heller dra dit etterpå, i stedet for å snakke om at de er alien
De har vært aliens alle sammen mange, mange ganger.

Det var godt å høre at boken er viktig for menneskene Seraphim.

Ja de trenger å høre dette forstår du, hvordan deres negative tanker påvirker resten av universet.

Så Morfo universet, er ett kjærlighets universet.
Ligger universene slik som chakraene våre, er det syv universer?

Det er mange flere universer Illia.

Så hvordan er det på det høyeste der da?

Det kan vi ikke snakke om, for det er langt forbi din fatteevne forstår du.

Ok, takk.
Det er deilig her, kjenner kroppen min får healing Seraphim og Osiris.

Det er jeg som tar deg med på denne reisen Illia.
Osiris er med som din støttespiller på denne reisen, din trygghet.

Takk Osiris, takk Seraphim for denne magiske opplevelsen.
Det er akkurat som om å være inni en stor ballong fylt med rosa kjærlighet.
Det er ikke så stort dette universet.

Nei, det veldig mange universer som er mye mindre enn det dere bor i forstår du.

Ja, jeg følte at den Atlas galaksen som var hos meg, var ganske liten.

Det var den kjære.

Er det noe mer jeg skal lære her?

Nei kjære, vi ville bare du skulle kjenne på kjærligheten skjønner du.

Tusen takk Seraphim.
Er vi klare til å reise hjem igjen?

Det er vi kjære.

Å gud, det gikk fort, det kiler i hele kroppen. Akkurat som om vi smatt ut av dimensjonene, eller gjennom lagene av universer.

Det gjorde vi Illia, vi tok en snartur hjem.
Nå er du snart tilbake på stranden Illia.

Ja, jeg merker det.
Det er akkurat som om jeg har med meg en del av den kjærligheten i hjertet mitt?

Det er en gave til deg fra galaksen Illia.

Takk Seraphim og Osiris og takk Morfo galaksen for den vakre gaven.
Åh, nå er jeg tilbake på stranden.
Dette var en sterk erfaring, takk.

Åpenbaring:

En dag i 1997 jeg var til psykomotorisk fysioterapi, kom det opp en stor sorg. Jeg fornemmet at jeg var ca. 6 år, og jeg følte at jeg ikke fortjente Guds kjærlighet.
Visste hvor den følelsen kom fra, som barn gikk jeg på søndagsskole rett nedenfor der jeg bodde.
Jeg følte meg som en synder, og derfor ikke fortjente Guds kjærlighet!
Jeg bestemte meg for å gå hjem de få kilometerne etter behandlingen, for å hjernevaske bort denne troen.
Der gikk jeg og gjentok setningen at selvfølgelig fortjente jeg Guds kjærlighet, for den er ikke noe man trenger å fortjene, den er til for oss alle.
Når jeg nærmer meg der jeg gikk på søndagsskolen så var det som om 2 store hender kom ut av skyene og åpenbarte for meg ett gyllent kjærlighets lys.
Alt jeg så var skapt av dette kjærlighets lyset.

Jeg har tidligere følt at asfalt ikke er noe positivt, men der så jeg at til og med asfalten er skapt av dette gylne kjærlighets lyset. Alt var levende kjærlighets-lys.
Luften er også kjærlighet og vi puster inn kjærlighet med hvert åndedrag.
Det gylne kjærlighets lyset var fylt av små regnbuer og de smilte til meg!

Denne opplevelsen var så sterk at jeg kjenner kjærligheten og lyset ennå. Etter den opplevelsen så vet jeg at jeg puster inn kjærlighet, og jeg har ikke vært deprimert eller tungsinnet etter den opplevelsen.
Så takk far, mor, Gud det ledende prinsipp for Kjærligheten som fyller meg, og alt annet på vår jord.

(Min sjel har fortalt meg senere at de små regnbuene er oss englene når vi er ferdig med reiser i planeter og virkeligheter og igjen er tilbake ett med altet, i altet.)

MANNA

Hva vil du fortelle oss i dag kjære?

I dag vil jeg dele med dere, deres fødsels-plan.

Fødsels-plan? I all verden, nå ble jeg veldig nysgjerrig Seraphim, fortell.

Ikke vær så utålmodig kjære, det kommer nå forstår du.
Dette er planeten for kroppers manifestering.
Vi starter som lysvesnene du har sett i det Guddommelige kjærlighetslyset, og dit skal vi en dag tilbake til.
Men denne planeten/energi-hopen, er det stedet vi går fra å være lysvesener til å bli engler.

Hva slags sted, planet er dette? Er det en planet eller er det ett plan?

Dette er en energi-hop av kjærlighet, som er langt bortenfor alt dere har hørt om kjære. Der er englenes vuggestue.
Stedet har intet navn men vi kaller det Manna.

Manna er vår fødeplass, hvor vi skapes fra lys til englekropp.

Dette er en prosess som tar lang tid, da alt skal strukturereres.
Fra å være ett lys-vesen, til å bli en lys-kropp.
Prosessen skapes i flytende manna, altså flytende eterisk skapelse-væske av lys og kjærlighet.

Hvorfor forteller du oss dette Seraphim, trenger vi å høre om det? Det er jo ganske uforståelig, i hvert fall for meg.

Det er ikke nødvendig og forstå dette kjære, bare vite at vi alle er Gud. Samlet eller hver for oss, er vi alle Gud.

Jeg trodde vi ble manifestert i kropp med ett ord fra Gud, samme som med universene?

Nei kjære, dette skal være en individuell part av det hele.
Vi er alle forskjellige, derfor tar det lang tid for å manifestere oss.
Vi har alle vår perfekte plass, i enheten med helt spesifikke egenskaper og evner. Derfor tar det tid.

De vesenene jeg så i Guds kjærlighets-lys, var jo individuelle alle sammen. Så allerede der er vi forskjellige fra hverandre.

Ja kjære, men og få dette inn i en kropps strukturer tar tid.

Ok, takk. Vil du fortelle noe mer i dag kjære?
Føler meg sliten etter denne kanalisering.
Den var på høyt plan tror jeg?

Forstår godt du ble sliten, jeg dro deg jo litt inn i energien.

Ja, jeg merket litt av skapelsen der. Føler meg forandret på ett plan.

Det gjør du kjære, for husk hver gang jeg kanaliserer til deg så får du healing.

Ja, merker det veldig godt i dag kjære, takk

URANUS

Hvilken planet vil du dele i dag kjære?

I dag vil jeg dele en Baby-planet.

Baby-planet, hva er det?

Det er en meget ung planet, den yngste dere har i deres solsystem.

Det er planeten Uranus, det er den siste planeten som ble født av solen!
Den er en helt spesiell planet med mye gasser og varme, men allikevel med liv.

Hva slags liv er det der Seraphim?

Livet der er på gass planet, og alt er gasser som har bevissthet. Og deres bevissthet går på å samle planeten til en helhet.
Slik som jeg fortalte at vi kan leve med og arbeide for å holde en planets-struktur sammen. Det er dette som skjer her.
Her er vi for å samle alt materiale som svever rundt i Uranus sin aura, til å samles til planetens helhet.

Så der svever man i gass for å samle planeten til en helhet? Hvor lenge kan en slik prosess vare?

Den varer i tusenvis av jordeliv kjære, men tiden er jo relativ. Så her kan det virke som det går raskt, selv om for dere tar det tusenvis av jordeliv.

Så da velger sjelene/englene å være med på og holde planeten samlet, samle den til en enhet.

Ja, og det er ganske spennende, for dette er avhengig av totalt samarbeid mellom alle og deres bevissthet. Meget viktig arbeide som de fryder seg over å utføre.

Hvem er det som kommer dit, og hvorfor?

De velger den erfaringen kjære, for å erfare totalt samarbeid mellom sjeler.

Er det noe mer du vil fortelle om Uranus Seraphim?

Nei vi er ferdig med Uranus, men jeg vil gjerne legge til noe. Du arbeider bra om dagen kjære, og hører mine ord klart og tydelig med en gang de er der.

Ja merker det, nesten som om vår enhet virkelig virker på sekundet med kanaliseringen.
Er som om du skriver og snakker samtidig?

Det er riktig oppfattet kjære, det er jeg som skriver for deg.

Ja synes det var litt merkelig, for når jeg skriver dette, så tenker jeg før jeg skriver.
Men når du kanaliserer så går det i ett. Jeg skriver mens jeg hører dine ord, og det er ingen pause mellom ordene dine og det jeg skriver. Merkelig?

Ikke merkelig kjære, vi er jo ett. Og nå merker du enheten ennå mer direkte.

Ja, sterk opplevelse. Takk for at det er så enkelt og kanalisere med deg kjære Seraphim. Merker at jeg er mer her og nå.

Det er du så absolutt Illia.

Jeg merket det ikke før du påpekte det.

Jeg måtte fortelle deg det, slik at du fikk oppleve det.

Kjære Seraphim, takk.
Nå både kanaliserer du og skriver det ned på en gang, vet ikke hvordan du får det til. Du styrer mine fingre mens du sier dine ord, magisk. Det går så fort at I paden sliter med og holde følge!

Ja, vi er magiske sammen kjære.

MORALERNE

Hva vil du fortelle oss i dag Seraphim?

I dag vil jeg dele, en magisk virkelighet med dere.
Moralerne heter stedet.

Det er ett sted hvor dere skaper deres ønsker på sekundet. Dere trives veldig godt der, men dere blir for opptatte av skapelsen isteden for energien dere egentlig er i på det stedet.

Stedet er ett rom for kreativitet som ligger mellom Molukkene og ett annet solsystem langt unna.
Der skaper dere de mest fantastiske kreasjoner og oppfinnelser med tankens skaperkraft.
Dette er ett øvelses sted før dere blir opplyste, og kan manifestere det menneskene trenger for å overleve.

Det er jo det jeg trenger å lære nå Seraphim, har jeg vært der? Føler det.

Du var en mester der Illia, og du har fortsatt den skaperkraften i deg. Men du har jo alltid tvilt på at noe du gjør er bra nok, relatert til din mangel på selvfølelse.

Så du har aldri klart å være fri nok i din skaperkraft kjære. Det kommer nå som du trenger å hjelpe menneskene, over hele jorden.

Ja det blir godt, men jeg føler meg fortsatt ikke klar til å mestre det, og jeg vet ikke hvorfor?

Det vet jeg kjære, husk jeg er ett med deg og vet alt om dine mindreverd følelser.
Det er så trist for oss og erfare, når vi vet hvor stor mester du er kjære.

Forstår og kjenner deres fortvilelse ofte, sammen med min fortvilelse.
Å ha levd som ett mobbeoffer, skaper utrolig lavt selvbilde og jeg sliter virkelig med og føle meg bra nok. Og det gjelder på alle plan, håper dere mine indre vise sjeler kan hjelpe meg med det kjære dere.
Jeg ber om evnen til å føle meg som den mesteren dere sier jeg er.

Vi arbeider med det hele tiden kjære, og nå løsner det veldig om dagen. Så fortsett og visualiser deg selv som en mester, så kommer det på plass snart.
Du lar jo alle gå føre deg selv, selv om du eier den høyeste visdom på jorden akkurat nå kjære.

Klarer ikke å ta til meg noe av det, noe/noen stopper meg hele tiden.

Ja de døde og mørke krefter, kjemper med deg nå kjære mye mer enn tidligere.
For nå forstår du, er du klar for din transformasjon, og begynne og bevege deg i rommet hvor du trengs.
Sjeler roper på deg fra hele jorden kjære.

Klarer jo å hjelpe de fleste, som roper med å reise med bevisstheten.
Forstår også at nå er tiden kommet for å forflytte kroppen min til andre steder. Selv om det fortsatt er veldig skummelt og en ukjent erfaring for meg.
Vil gjerne at du/dere tar meg med på en reise hvor jeg gjorde dette på en annen planet? Er det mulig at det kan gjøres?

Det kan vi kjære, det var smart. Slik at du erfarer at det er trygt og la kroppen forflytte seg.

Skal vi reise nå da? Så kan vi kanalisere om det stedet samtidig?

Det kan vi kjære, da blir det Moralerne neste stopp.

Ok, jeg går og legger meg igjen.

Lukk øynene og slapp av Illia.

Jeg ser vi stiger opp fra stranden og jeg leier en i hver hand. Seraphim er igjen på min venstre side og Osiris på høyre.
Vi reiser langt av gårde, forbi stjernetåker. Forbi masse stjerner, langt av gårde reiser vi.
Skal vi igjennom noen av de skillene Seraphim?

Det skal vi.

Skal vi gjennom noen dimensjoner?

Nei, vi skal over i ett annet univers Illia.
Moralene er ett helt eget univers forstår du.
Ett magisk univers.

Er det planeter?

Nei, det er ikke planeter. Mer som svevende bevisstheter, med mennesker på. Menneskelignende vesener på.

Svevende bevissthet med menneskelignende vesener på, det høres spennendes ut.

Så de forflytter seg fra bevissthet til bevissthet, svevende fra bevissthet til bevissthet?

Jeg kjenner det rister i kroppen min Seraphim.
Det er på en måte, vet ikke hvordan jeg skal forklare det?
Det er som en svamp, jeg ser masse sjeler på de svampene.

Det er levende masse Illia, det er som levende hjerner. Det ligner litt på hjerner, og alle har hjerner Illia. De kan koble seg på bevisstheten, og skaperkraften til planeten. Og skape det de vil, ut av massen på planeten.

Så når dere skaper ting her på jorden, så skaper dere fra den massen. Så det er veldig viktig at dere skaper det som trengs og ikke noe bare for moro skyld.
For det skaper meget dårlig energi i massene.

Så trist, alle ønsker seg så mye, men vet jo ikke hva det skapes av.
Så når vi lander her, skal vi forflytte oss til en annen bevissthets-masse?

Vi må vite hvor vi skal, og det er en gul masse vi skal til Illia. Vi er på den rosa nå og skal over på den gule bevissthets-massen.

Vi ser den der borte ikke sant? Åh, jeg ser den der borte.

Ok Illia, slapp helt av nå.
Det er så enkelt skjønner du, det er mye enklere enn du kan fatte, og forflytte seg i tid og rom. Eller i hvert fall i rommet som du trenger og gjøre, ikke tiden men rommet.
Vi skal forflytte deg over i rommet til den gule massen nå.
Når vi går nå 1 skritt frem, så vet jeg og Osiris at vi er på den gule massen for det er dit vi vil. Det er dit vi har en intensjon om å dra.
Viljen vår skaper at vi kommer dit, skjønner du. Og vil du gå dit sammen med oss Illia?

Det vil jeg gjerne. Selv om jeg synes det er veldig skummelt, så vil jeg gjerne det.

Da vil vi gå det første skrittet til den gule massen, sånn at du ser den gule massen foran deg Illia.
Så tar vi første skrittet.

Åh! Hvorfor hopper jeg sånn Seraphim?

Du er livredd Illia.

Hva er jeg redd for da?

Jeg vet ikke Illia, men nå er du på den gule massen. Jeg håper du ser at du står på den gule massen nå.

Så det hoppet var hele forflyttelsen?

Det var det kjære. Det hoppet i din kropp var hele forflyttelsen, men hoppet ble skapt av din frykt. Det ble ikke skapt av hoppet, for vi hoppet ikke.
Vi gikk over til neste sted med 1 skritt. Men vi vet jo at det er mulig. Du klarer ikke helt å tro på det kjære, at det er mulig.

Det er vanskelig og tro på.
Så sitter det en tro her jeg kan eliminere, hos menneskeheten? At det ikke er mulig for kroppen og forflytte seg i rom? For du sier at det er en universiell lov, at vi kan bringe kroppen dit vi vil?

Det er det kjære, en meget enkel universiell lov. Du skal bare vite, at slik er den loven.
Ikke tro på det, men vite det.
Og nå vet du at det er mulig, for du har akkurat gjort det.

Åh, ja jeg kjenner det kribler i hele kroppen min, så merkelig.
Merkelig virkelighet på Moralerne, som svampe planeter i forskjellige farger. De skapte ting, fra planetenes/svampenes masse.
Så meget viktig at vi trenger, det vi skaper.

Nå som vi vet, at energien blir fjernet fra noe annet over til vår skapelse.

Er det noe mer du vil fortelle om Moralerne?

Nei det var skapelsen, som var viktig og forstå. Hvordan vi omdanner noe, over til det vi trenger.

Takk for den magiske reisen, og opplevelsen med å forflytte kroppen. Så jeg får arbeide med å gå fra tro til viten.

Det er meget viktig kjære, og nå erfarte du jo hvor enkelt det er.

Ja, vil du fortelle om flere virkeligheter i dag Seraphim?

Det vil jeg gjerne kjære deg, hvis du klarer mer healing. Du merker jo hele tiden når vi snakker, så transformeres du i høyere energi?

Ja, merker det godt kjære deg, deilig å bli healet.

VILLNA

Nå vil jeg hoppe til en ny planet-hop, som heter Villna. Dette er en hop med planeter i ytre rom, hvor de ville dyrene kommer til når de er utryddet fra jorden.

Stakkars dyr.

Neida kjære, det skal skiftes ut på denne planeten, for energien forandres og da forandres faunaen også kjære.

Gjør den? Det var ny kunnskap.
Alle er så fortvilet over at mangfoldet minker.

Mangfoldet minker jo stort sett ved menneskehånd, og det blir en dårlig energi på jorden av det. Men noen er klare for å forlate jorden, for klimaet og energien passer dem ikke lengre. Så da velger de og utdø, og kommer til Villna.

Der kan de leve videre, i deres eget paradis. Uten påvirkning fra miljø, og andre vesener. Til de har erfart nok, om deres dyrekropp og dens livs sykluser.

Er det mennesker som velger å prøve dyre kropper kjære?

Det er det så absolutt, husk vi kommer alle fra samme skapelse.

Ett liv som insekt, trær, busker, blomster, mennesker og dyr.
Alt blir valgt mellom livene, utifra ønske og behov for erfaringer.

Høres spennende ut! Husker jeg erfarte engang, og bli ett med en bille. Det var ett liv i arbeid for å sikre overlevelse, nesten på samme plan som oss, men i en annen type kropp.

Ja, det er kun forskjell på erfaringen på makro og mikro. Vi er store de er små, men husk vi har også erfart å være dinosaurer en gang for meget lenge siden.

Høres spennende ut, men jeg foretrekker nok å være i menneskekropp?
Vet jo ikke, for livet blir nesten det samme. I hvert fall når det gjelder egoets overlevelse.
Er det noe mer du vil fortelle om planeten Villna?

Nei kjære, ville bare innom for å fortelle litt om oss i andre kropper.

Takk, vakkert å høre at de har en egen planet hop.

UTOPIA

I dag vil jeg ta dere med på en meget spesiell reise, til en planet med navn Utopia.

Har hørt det navnet tidligere, men trodde det var fantasilandet?

Det er fantasilandet eller fantasi-planeten. Der skaper vi nye dyr, insekter og planter.

Wow, høres vakkert ut.

Ja det er ett magisk sted kjære, det er kun mestere i skapelse som kommer dit.
For å bidra med nytt liv til jorden.

Så dere er ett sted og kun skaper nytt liv til jorden?

Ja kjære, vi trenger og hygge oss mellom arbeidet med dere i fysisk form. Da reiser vi for noen år, i deres tidsregning dit for å skape nytt liv.

Fantastisk, håper jeg kommer dit etterpå.
Når jeg føler meg fornøyd med å være på jorden, og ferdig med mine livsoppgaver.

Det kan du kjære, for du har meget store kreative evner som vil komme til uttrykk i skjønnhet på Utopia.

Takk, så spennende.

ATLAS GALAKSEN

Hva vil du dele med oss i dag Seraphim?

I dag vil jeg dele med dere en hemmelighet fra ytre rom.

Mener du andre universer?

Ja kjære, dette universet er det du fikk besøk fra, Atlas galaksen.

Åh, gleder meg til å høre om dem.
De kom jo på besøk til meg og ba om hjelp.

(De fortalte at frykten fra covid sprer seg ut i universene og de ville jeg skulle følge de hjem med min hjertes kjærlighet).
Trengte de min kjærlighet, for å finne veien tilbake Seraphim?

Det gjorde de kjære, de var fullstendig fortapte.
Etter en reise i universene kunne de ikke finne veien hjem igjen.
De fulgte alltid kjærlighet energien, men de fant den ikke tilbake. Så derfor kom de til deg for hjelp kjære.

Så hvordan føles det å leve der?

Der lever de nesten som oss, men i en mye lettere atmosfære. Så tyngdekraften eksisterer ikke der.
Slik at de kan sveve i luften eller være på planeten.

Jeg følte når jeg møtte de, at de hadde nesten lik kropp som oss?

Det har de kjære men mye lettere, mer eterisk.
Utseendet på kroppen er lik vår, og de bruker lette klær.

Der eksisterer total balanse, ingen kulde eller varme. Der er det fullstendig harmoni på alle plan, derfor ba de deg om hjelp.
De savnet sin balanse vei, som de brukte å reise på for å finne veien hjem. Men du vet jo hvor fortvilet de var kjære.

Ja de var skrekkslagne og fortapte i stor sorg.

Da følte du riktig kjære.

Deres univers blir veldig påvirket av emosjonene her på jorden. Det er jo fordi de virkelig lever i full harmoni på alle plan.

Var det farkosten deres jeg følte kom sigende inn i min aura?

Det var det kjære, de steg ikke ut når de var hos deg, men snakket i ditt hjerte.

Jeg ble veldig redd, når jeg kjente deres energi sige inn i min aura og kropp.

Det kan jeg forstå kjære, du har jo blitt forsøkt å bli besatt av mørke så mange ganger tidligere.

Ja, men dette var den heftigste energien jeg har kjent, jeg følte de sklei inn i min aura og helt inn i hjertet og kropp. De var kanskje ikke så nærme, men for meg var det skikkelig skummelt.

Det forstår jeg godt kjære, vi merket det jo vi også, men vi vil jo at du selv skal være så bevisst som mulig uten vår hjelp.

Ja, det er greit kjære.

(Testene kommer på løpende bånd.
Dere vil jo teste min bevissthet hele tiden, og dere kan jo ikke hjelpe meg. For da lærer jeg jo ikke å være trygg på, at jeg mestrer dette selv.
Slik er det jo, de siste årene er det jo tester på tester hele tiden. Det er vel for å teste mine evner regner jeg med, for å se hva jeg mestrer?)

Helt rett kjære, og du er virkelig en stor mester på de fleste plan kjære.

Takk, skulle ønske jeg klarte og føle det selv. Men alt er så enkelt for meg, så jeg ser på alt med en selvfølgelig letthet. Hvorfor er det slik Seraphim?

Der har du deg selv kjære, du er en opplyst mester vet du, selv om du ei klarer å føle det selv.

Ok, jeg er vel det da, men sliter med å integrere det.
Jeg får takke så mye kjære mine sjeler, for hjelpen dere gir meg med min vekst.

Husk kjære, du er det viktigste menneske for oss akkurat nå i hele universet.
Det er jo ikke for ingenting at Jesus er med deg hele tiden, selv om du overser ham totalt.

Du har så stor følsomhet på magien vår at du skyver det helt bort.

Er så utrolig lei meg for det, men jeg har ikke klart og gi slipp på frykten ennå.

Vi vet det kjære, vi har tålmodighet med deg kjære og gjør hva vi kan for å letne på frykten hver dag.

Ja det går mye lettere nå enn i 2018, da var jeg virkelig redd for dere.
Tenk å være redd for seg selv, sin egen sjel.

Ja, vi stengte og skremte deg for mye når du var barn kjære.
Vi visste jo ikke, hvor primitivt det er her på jorden.

Jeg tilgir dere alt dette kjære.
Nå merket jeg noe, det har jeg ikke tenkt på tidligere.
Hvorfor har jeg glemt å tilgi frykten min?
NÅ, gir jeg slipp og tilgir frykten.

Det ble sterkt for meg kjære, så vakkert når jeg kjenner det slipper.

Så flott kjære at du tilgir oss, for alt vi påførte deg.

Det var jo for å holde deg på jorden, slik at du ikke skulle dra hjem igjen.

(Fra boken «min reise fra mobbeoffer til kjærligheten».)

Tilbake til Atlas Galaksen kjære. Hva kan man erfare og hvordan utvikler vi oss der?

Der spiller vi på emosjonene på mange plan av virkelighet.

Forstår ikke, hva menes med det?

De liker å lage gode vibrasjoner for hverandre.
De vet jo der at vi alle er ett og vil glede andre hele tiden.
For da blir de selv glade, når de ser at de andre blir lykkelige.
De er som deg kjære, ønsker det beste for alle.
Så kommer egoene her på jorden inn, og skaper ord som ei er dine kjære.
Fordi dere har ett så stort hodet med alt det innebærer av lager av tanke masse.
Du har ingen egne repetering tanker lengre, derfor hører du med en gang når noen kommer inn i auraen din for å prege deg. Slik at du kan stoppe de og hjelpe de ett med altet, før de fester seg til auraen din for sterkt.
Slik blir det mye lettere og få de inn i sine hjerter, så de kan reise videre.

Frigitt for liv etter liv som ego på jorden.

Ja det er en vakker gave og hjelpe de, samme som jeg her og nå sitter og hilser på menneskenes sjeler.
Det er utrolig vakkert, når sjelen jeg sier hei til inni hjertet deres blir sett for første gang på tusenvis av liv, som dere sier.

Der er du en sann magiker kjære, det er mange nå som kommer nærmere sitt selv i hjertet sitt fordi du har gjort de bevisst på at de synes.

(Fra boken « Ett med min sjel».)

Er det det som skjer Seraphim?
Føler de at det er lettere, og få kontakt med sin sjel etter at jeg har sett og snakket med den?

Slik er det kjære.

Å nå ble jeg rørt, så vakkert. Og jeg gjør det hver dag, og de blir rørt når jeg hilser på de for annen gang.
Jeg husker jo ikke, hvilken persons sjel jeg har hilst på tidligere, så da sier vi bare hei igjen til hverandre.
Så vakre møter med store engler og mestere som vi alle er.

Plutselig en dag, så jeg deres engler som store vesener med en liten fysisk kropp i midten!
De ble så lykkelige av å bli sett og sendte meg så mye kjærlighet at det knirket i hjerte-senteret mitt.

Og nå dro jeg det ut på viddene igjen.

Det blir så fint kjære, alle trenger og høre dette forstår du. Så jeg vil gjerne ha alt vi snakker om med i denne boken kjære.

Takk Seraphim, men tror du de vil høre så mye om min åndelige reise da?

De trenger å høre hva som skjer i en mesters liv kjære. Slik at de selv etterhvert kan begynne på sin sjels vei, som venter på at de skal fyldiggjøre deres evner helt og fullt.

Takk. Er vi ferdige med Atlas galaksen?

Nei kjære, jeg mottar nå en hilsen fra dine venner på Atlas galaksen. De er så takknemlige for din kjærlighet som de fortsatt føler på galaksen.

Men kjære hvordan er det mulig?
Jeg sendte de jo hjem sammen med min kjærlighets bevissthet og ikke mer. Forstår ikke dette jeg Seraphim?

Å kjære Illia, du har noen utrolige krefter. Og det er kanskje like bra, at du ikke er helt klar over hvor stor din kjærlighetskraft er.

De hilser fra alles hjerter og takker deg så ydmykt for din hjelp, og ber om tilgivelse for at de skremte deg.
De ser jo kun ditt kjærlighetslys, og merket ikke før de var hos deg frykten din.

Det går bra og hils tilbake at jeg elsker dem alle sammen.

De vet det kjære og de kjenner deg hele tiden.

Hva, forstår ingenting jeg kjære?

Nei det er ikke lett og forstå en slik stor hjertekraft, men ta til deg takken. Den er virkelig fra alle sine hjerter der på Atlas galaksen.

Vi har jo fortalt deg for ett år siden kjære, at din aura dekker hele universet. Det er nok vanskelig for deg og tro på, men slik er det å være en opplyst mester Illia.

MOLERAKENE

Ok Seraphim, jeg er klar.

Fint Illia, i dag skal jeg fortelle om en planethop som er langt, langt borte. Den er ei synlig fra vår stjernehop. Det er Molerakene, det er en stjernehop med fult av små planeter som henger sammen i en energi-masse. Med energi-masse mener jeg en masse av lys.
Der er dere som små stjerner alle sammen, og lever der som en del av stjernetåken.
Det er mange småstjerner i stjernehopen, tusenvis av sjeler er hver sin stjerne. Slik lever dere der, som en ren lysende stjerne.

Er det også noe vi velger selv Seraphim?

Det er det Illia, dere velger det ut fra ett ønske om å være en stjerne på en himmel, og lyse og vise vei for andre.

Hvor lenge eksisterer vi som en stjerne?

Det varierer veldig, for sjelenes ønsker er forskjellige. Ikke forskjellige egentlig, men noen blir fornøyd fort av å bare være ett lys, mens andre trenger lengre tid for å bli fornøyd med denne værenen.

Det kan jeg forstå, det blir jo nesten som å være en del av en planet, men alene isteden for å holde en planet sammen i felleskap?

Det er det kjære, men dette er en mye større oppgave. Du er jo stjernen, og kan ikke bare slutte å være stjernen. Dens syklus trenger og ferdiggås.

Hva mener du med det Seraphim? Du sa de valgte hvor lenge de skulle være stjernen?

Ja, men de tar det valget før de blir det.

Ok, så det valget må taes før man blir skapt som stjernen, og plassert i himmelen. Høres merkelig ut kjære?

Ja det er vanskelig for deg og forstå dette, men alt er ett valg.

Ja dere sier så, og jeg har jo erfart det, men å følge opp valget er ikke alltid like lett?

Nei, men slike valg som dette gjøres jo av engler og ikke mennesker i ego kjære.

Selvfølgelig er det slik, og da er man jo klar for å ta oppgaven man har bestemt seg for på ett mye høyere bevissthets-plan.

Det er det Illia, så valget er klart og enkelt bestemt av en selv.

Men hva skjer når tiden en har valgt er over, dør stjernen?

Den dør ikke slik som dere tenker her på jorden, men den blir inaktiv til noen annen tar bolig i stjernen på nytt.

Høres merkelig ut Seraphim?

Ja, jeg vet kjære men det er mange stjerner der ute uten bevissthet. Som man kan velge og vekke til liv igjen.

Hvordan i all verden klarer stjernen og holde sin posisjon uten bevissthet?

Jeg vet det høres usannsynlig Illia, men stjernen er i sin bane uansett bevisst eller ikke.

Javel, da forstår jeg, nesten?

Ikke tenk så mye over det, for dette er ikke en viten du trenger, for å erverve forståelsen av denne planet-hopen.

Skal du fortelle mer om Molerakene?

Nei vi er ferdig med den og går videre til neste.

MORIA

Nå vil jeg dele en helt ny erfaring kjære.

Hva slags erfaring er det Seraphim?

Det er en reise til Moria.
Moira er en planet-hop ut av helt annen substans. Det er en planet-hop med krystaller.

Wow, høres vakkert ut Seraphim.

De er meget vakre Illia, alle har forskjellige farger og former. Nesten som fraktaler i krystallstrukturer, som dobbel terminerte krystaller.
Disse er langt, langt borte i en stjernetåke milliarder av lysår borte, i ett helt annet univers.

Hva skjer på den hopen?

Vi reiser dit nå kjære, slik at du får en opplevelse der.

Skal vi reise nå? Mens jeg sitter her på flyplassen med masse mennesker?

Jada kjære, du reiser så lett, så det går fint.
Bare lukk øynene og følg Osiris og meg utover.

Vi reiser utover og gjennom hinner av 5 universer, før vi kommer til krystallene som svever i en grønn energi.

Det er tusenvis av forskjellige krystaller som utgjør hele dette universet. Alle er forskjellige krystallinske former for hellig geometri.
Og plutselig får jeg se at det er en engel inne i dem alle sammen. Så sterk en opplevelse, og jeg kjenner igjen den ene engelen fra det livet jeg lever nå.
En meget sterk erfaring.
Så hvorfor vil de erfare det å være en krystall kjære?

De vil erfare dette for å lære at hellig geometri er virkelig en hellig ting og ikke noe man leker seg med.

Det forstår jeg nå, helt klart.

Fint kjære, for det er viktig og vite hva man driver med, når man leker med ting utenfor en selv.

MÅNEN

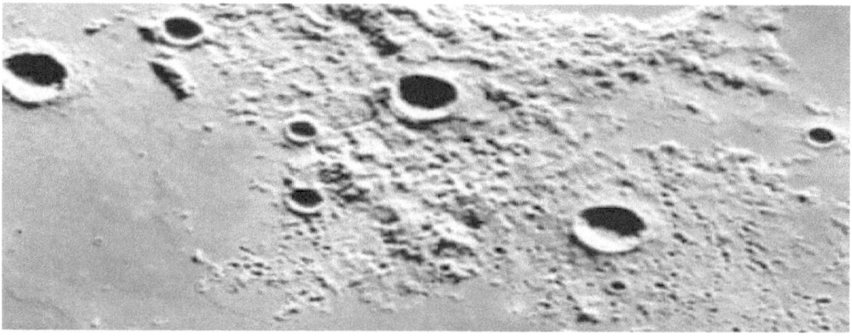

NASA

Hva vil du fortelle om nå Seraphim?

I dag vil jeg dele en mektig skapning med deg kjære, og dette er Månen vår her på jorden.

Den har ikke kommet opp tidligere?

Nei jeg ventet med den, du har jo så fin kontakt med månegudinnen Serafa kjære, så vi må fortelle deg hvordan energien er der også.

Gleder meg til og høre om Serafa.

Ja Serafa er en magisk Gudinne, og hennes atmosfære er også magisk. Der lever de i en symbiose med månefasene inne i sine klokker.

Klokker, hva mener du med det Seraphim?

Klokker som ringer inn syklusene til månefasene.
Som ett varsel for universet vårt at ting er i gjære når fasene forandrer seg.
Fordypningene/kraterne på månen virker som ett instrument?
Tror alle har hørt om måne klokkene.

Husker ikke at jeg har det Seraphim, det høres merkelig ut?
Hva skal månen med de klokkene kraterne?

De brukes til å åpne ny, ne og fullmåne syklusene.

Høres merkelig ut kjære?

Vi vet det høres merkelig ut Illia, men jeg tror faktisk du har hørt om måne klokkene tidligere.

Tror jeg har hørt om måne klokkene men forstår ikke hvordan de kan påvirke ny og fullmåne?

De påvirker ny og fullmåne energiene når månen treffer jorden sender den ut en lydbølge som resonnerer med jordens frekvens.

Er det for å gjøre jorden oppmerksom på syklusene?

Der klarte du å forstå det kjære.
Det er viktig, slik at alt som lever på jorden kan være klar over høy og lav vann og andre energi-bevegelser.

Nå høres det logisk ut kjære.

Godt og høre at du klarte og ta til deg dette kjære.

Syntes det hørtes ut som tullball, og trodde noen andre klarte og lure meg til og tro det var deg. Men nå, forstår jeg hvor viktig det kan være for andre levende vesener og vite når store forandringer skjer på jorden.
Magisk dette Seraphim!

Ja det er mye magisk som rører seg i universene kjære.

Ja, virkelig.
Skal du dele mer om månen?

Nei, dette var det som er viktig og forstå.

Takk.

TOLORA

12-5-21

Hva vil du fortelle om i dag Seraphim?

I dag vil jeg dele en meget spesiell plass med dere. Det er ett univers av årsaker forårsaket av deres emosjoner.

Hva mener du med det kjære?

Deres emosjoner er ren energi, som sendes ut før de returneres til dere som årsaker.

Trodde vi hadde skrevet om dette tidligere Seraphim?

Nei, det var om deres tanke skapelse. Dette er ett helt annet univers som mottar og foredler deres emosjoner.

Høres merkelig ut synes jeg?

Det er fordi dette er helt ukjent for de fleste av dere på jorden kjære.

Kjenner at du dro meg inn i noe kjære, ble svimmel.

Jeg prøvde å gi deg en opplevelse av en emosjon, men du ble forstyrret.

Føler meg skikkelig uvel. Hva skjedde?

Jeg ga deg en opplevelse av emosjonen fortapelse.

Ja den var sterk! Hvorfor ga du meg den erfaringen kjære, hva kan jeg bruke den til?

Dette er en følelse som er felles for nesten alle menneskene på jorden Illia. De føler seg fortapte her på jorden.
Det er jo fordi de på ett plan, husker at de ikke er herfra.
Og forstår ikke livet her, selv om dere har levd her i tusenvis av liv.

Tror nok de fleste har fortrengt denne emosjonen for mange liv siden?

Det har de kjære, det er derfor jeg forteller om dette slik at dere kan arbeide ut den gamle emosjonen for å komme videre på deres reise i universene.

Ok, da forstår jeg hvorfor du ga meg den opplevelsen kjære.
Er det mer du vil fortelle om det universet?

Ja, kjære jeg har jo ikke kommet i gang ennå.

He he, unnskyld. Hva heter det universet?

Det heter Tolora.
Dette har en meget spesiell energi-sfære.
Der lever ingen, men deres emosjoner skaper filmer som utspiller seg der og returnerer til dere som hendelser i deres liv.

Hva mener du med hendelser Seraphim?

Når deres emosjonelle energi sendes ut fra dere, kommer den til Tolora, før den energien blir returnert til dere som hendelser.
Dere skaper deres opplevelser med deres energi og selvfølgelig deres tro.
Dette stedet er skapelse planeten for deres emosjonelle energi.

Hvordan mottar vi våre emosjoner tilbake til oss?
Blir det en hendelse, eller en følelses opplevelse?

Dere mottar deres egen skapte emosjoner, som filmer i drømmene. For at dere skal forstå hvor, dere står fast i deres utvikling på følelses planet.

Så vi skaper ikke hendelser i den fysiske virkeligheten?

Nei dere mottar de som drømmer.

Dere har jo fortalt i min første bok at drømmer er beskjed fra vår sjel om hva vi trenger og se på, og hvor vi står fast i våre følelser.
Er dette en mer utfyllende forklaring?

Det er det kjære, en mye mer utfyllende forklaring.
Mange snakker om lucide drømmer, og de har skapt de selv i denne energi virkeligheten. Som da spilles ut for at de skal lære om sine ønskedrømmer og emosjoner.
Men de fleste klarer ikke å erverve forståelsen, derfor min forklaring om denne virkeligheten.

Takk, er det mer som trengs og fortelles om dette universet?

Det var alt derfra kjære.

Ok, nå er jeg spent på hva du vil fortelle om nå kjære?

URANUS

Nå går vi over til en mye mer kjent planets væren, planeten Uranus.
Uranus er en meget spesiell planet, hvor alt beveger seg i spiraler og sirkler.

Jøss, da tror jeg veldig mange har kontakt med Uranus. Møter stadig noen som forteller om spiraler som beveger seg rundt dem. Og de deltar i en felles meditasjon hvor de får beskjed om å se en spiral rundt dem og skape den i deres aura.
Er det en god ting å delta på?

Nei kjære, dette er en meget hode orientert planet, med meget lite kjærlighet men full kontroll.
Dette er ingen god energi og delta i.
Viktig og gå inn i sin kropp når den energien kommer, slik at man slipper og bli med inn i spiralen.
Dette er en meget begrensende energi spiral, hvor de fanger og holder egoene borte fra kontakt med sitt hjerte/sjel.

Åh, så forferdelig kjære. Hadde selv kontakt med den spiral energien på slutten av 90 tallet. Følte aldri for å engasjere meg i den energien, men jeg så den hver dag i en periode på mange måneder.
Følte aldri for å gå inn i den.

Vi gjorde så godt vi kunne kjære for å få deg bort fra fokus på spiral energien.

Takk for det mine kjære sjeler.
Hva med de 5 tibetanske ritene, der er jo den første øvelsen å gå rundt, og muslimene de danser også rundt og rundt.

Det er på ett mye enklere plan kjære, som handler om kroppen og ikke energien.
Derfor forteller vi dere dette nå, for nå er det mange som blir lokket av spiral energien.
Så vær på vakt, husk dere er alle født med ett guddommelig indre lys, og dette er ett lys dere kan kontakte og bruke til å helbrede dere selv med.
Husk dette er det eneste lyset dere trenger for å vokse og bli den store sjel/engelen dere er bakenfor, utenfor deres fysiske skall/kropp.

Ja, dere ga meg klar beskjed om dette når jeg startet med kanaliseringene.
Fikk besøk av diverse lys som ville inn i min kropp, men dere ga meg beskjed at, nei dette er ikke ett viktig lys.
Jeg fikk jo det rosa lyset i gave fra Vileda, Sol Gudinnen.
Men det var jo dere som ba meg og åpne opp for dette

lyset, og det er det eneste lyset dere har bedt meg om å akseptere. Takk for all deres omtanke.'

Du er jo meget viktig for oss kjære, så vi kunne jo ikke la deg bli overtatt av andres lys.
Dere er alle ett stort lysvesen, så vær så snill og husk det nå.
Det er meget viktig og huske dette nå, ellers dør jorden og den hvite rase ut.
Så viktig er det at dere kontakter deres hjerte/sjel. Jeg gjentar dette for det er Alfa Omega nå, for jorden og deres overlevelse.

Ja, jeg ser sjeler hele tiden nå kjære, etter at du fortalte meg at det kan hjelpe menneskene å lettere få kontakt med sin sjel.

Meget viktig oppgave du utfører der Illia.

Ja forstår det bedre nå, etter at jeg begynte å se sjelene og hvor store de er.
Inni deres kropp/energifelt er vårt fysiske skall som de fleste tror er det eneste de er.
Ble trist Seraphim, når jeg opplevde det første gangen.
Hvor liten og uviktig kroppen er i det store hele.

Ja, vi vet det var en sterk erfaring kjære, men det er viktig at du ser helheten og ikke kun deres ansikt i menneskenes hjerter.
Du er mye mer i engleriket nå kjære, enn du kan forstå med din fysiske virkelighetsoppfatning.
For hver gammel mistro, overbevisning du renser ut fra din tro jo sterkere åndelige erfaringer er du klar for kjære.

Ja, jeg merker min utvikling veldig sterkt om dagen.

Vi merker det på deg kjære, og vi frydes over det.
Du nærmer deg mer og mer fullkommen enhet med oss nå, så håper du kan forstå det og ikke bli bekymret.
Vi trenger at du blir mer unison med oss, slik at du reiser lettere med oss på dine opplevelser. Da slipper vi og fortelle deg hva vi skal gjøre, for da skjer det helt av seg selv.

Det høres litt skummelt ut fortsatt, men jeg føler også spenning. Tror jeg skal klare det etterhvert nå, og bare være fri sjel i enhet med altet til enhver tid.

Vi gledes over den tid når den kommer, da får vi virkelig utrettet mirakler på jorden kjære.
Husk vi er store mestere som er hos deg, slik at vi i enhet kan løfte menneskeheten inn i en ny æra av kjærlighet og enhet.

Høres vakkert ut kjære Seraphim.

Det vil bli meget vakkert, når vi flyter i fullkommen enhet med altet og skaper enhet med alt i altet.
Husk kjære du har den hellige ånd i din kropp som løfter deg opp på englevinger hver gang du tar kontakt, og snakker med den hellige ånd.

Ja merker det, derfor flykter jeg litt fra den hellige ånd. Har nok fortsatt noen i min aura, som holder meg i frykt for det åndelige livet.
Jeg arbeider med min mistro hver dag, men det er så mange der i min aura som vil holde meg i frykten.

Det er det kjære, men det minker hver dag. Du arbeider meget bra nå om dagen kjære, med å hjelpe de hjem inn i sitt hjerte de som holder deg fast i sin mistro.

Det er godt og høre Seraphim, føler det selv også hvordan det letner om dagen.
Er det mer du vil fortelle om Uranus?

Nei, vi er ferdige med Uranus.

VARSO

Nå er jeg veldig spent på hva som kommer?

I dag vil jeg dele med deg din moder planet.

Hva mener du med min moder planet?

Det er den planeten du tilbrakte ditt første liv som kropp.

Jøss så spennende kjære Seraphim.

Det er ett meget spennende sted Illia, hvor du brukte lang tid før du valgte å reise videre til andre erfaringer.
Det er planeten Varso.
På Varso lever man i en lys kropp omgitt av en aura som er synlig for alle. Slik at alle vet alt om alle.
Ingen hemmeligheter for hverandre, da alle ser alle's tanker og følelser spilles ut som farger i auraen.

Høres vakkert ut kjære.

Ja det er en meget vakker erfaring, hvor alle er likeverdige med hverandre uansett tanker og følelser.

Hvem er det som velger å være på den planeten og hvorfor?

De som velger å være der er de som er meget åpne i sitt hjerte-senter og har ingen behov for å forestille seg.
Derfor er du en slik rett frem ærlig person Illia.
Du lærte der hvor viktig ærlighet er, det og våge og si det en mener uansett hvilket resultat du oppnår.
Det er derfor du er vår mester i dette livet forstår du, for du er fortsatt den rene personen uten masker eller roller som de fleste andre lever med.

Har aldri helt forstått når andre snakker om, at når de er sammen med den eller dem, så oppfører de seg annerledes enn når de er sammen noen andre?
Har vel ikke klart og se noen mening med de rollene deres, så når de forteller om deres roller blir jeg bare lei meg.
De tror de må være slik eller slik overfor de forskjellige.
For meg så føles det som om de ikke er bra nok i seg selv, stemmer det?

Det gjør det kjære, men du har jo aldri følt deg bra nok på noe i dette livet. Derfor har du aldri følt at du ville være bra nok uansett, og har ikke brydd deg om å spille de andres roller.
Det er bra forstår du, mye lettere for deg og bli fri når du er fri for roller. For hvem er de egentlig? Lever hele livet igjennom med sine rollebytter, så en dag så vet de ikke hvem de selv er i bunnen bak alle rollene.

Så det er en ærlig planet, hvor all uærlighet er bortkastet for alle vet alt om alle.
Jeg savner den planeten, for det er vel derfor jeg har trodd på alt menneskene snakker om?

Det er derfor jeg nevner denne planeten kjære, slik at du skal forstå hvorfor du tar alt som blir sagt alvorlig opp.

Takk kjære, det var godt for meg og forstå hvorfor jeg er som jeg er.
Er det mer og fortelle om Varso?

Nei kjære, kun for din gjenkjennelses skyld.

Takk kjære Seraphim.

ANDROMEDENE

I dag vil jeg dele med deg en helt spesiell planet-hop i ytre rom. Det er planet-hopen som dere kaller Andromedene.

Andromedene er i det ytre rom, fjernt fra deres stjernetåke.

Der lever de i bikubeaktige hus, med en alien kropp som ligner på den til Osiris. Det er en stor forskjell, og det er deres hode som er kjempestort.
Du husker filmen ET? Slike kropper har de der. Kroppen ser fysisk ut, men er av en helt annen materie enn på jorden. Kroppen er sammensatt av byggeklosser på celleplan. Den ser hel ut, men ser du i mikroskop så ser du byggeklossene klart og tydelig.
Der lever de med fokus på enhet i tankeprosesser for helhetens beste. De skaper alt de trenger fra de samme byggeklossene.

Hvorfor forteller du oss om denne planet-hopen kjære?

Det er fordi at mange drar dit når de dør, de hører til der og drar tilbake dit etter sin død i det fysiske livet.

Hvordan kan det foregå?
Jeg hjelper de jo inn i sine hjerter, slik at de reiser videre som sjeler.

Disse personene er ikke de samme som du hjelper illia, de reiser direkte hjem til sine kuber.
Det er derfor så mange føler at de har mistet sine nærmeste mye sterkere enn andre, for de oppnår ingen kontakt etter at de er døde. De er bare borte.

Så det er mange av de fra denne planet-hopen som er født inn blant Siriusianere og Pleiadere?

Det er det kjære, men ingen ser dem eller vet om dette. Dette er som regel meget vanskelige personligheter med ett meget klart hode, som ikke klarer og finne seg tilrette i en fysisk verden.

Tenker på de med autisme, asberger og andre syndromer jeg da? Er det de barna, og voksne som kommer derfra?

Det er det kjære, jeg nevner det slik at foreldre og familien til disse ikke skal føle at de har gjort noe feil.
Tar deres problem på sin kappe, for de klarer ikke ett normalt fysisk liv. Fordi de kommer fra deres liv i bikuber hvor alt har sine faste plasser.

Uffameg, stakkars mennesker, det må være vanskelig for dem å være her på jorden?

Det er det kjære.

Hvorfor kommer de overhode hit?

Det er for å gi dere en erfaring av noen helt spesielle mennesketyper, som dere trenger for å akseptere at vi er forskjellige men likeverdige.

Det kan jeg forstå viktigheten av, vi har så lett for å dømme andre som skiller seg ut.

Veldig kjære, dere er en meget dømmende rase. Særlig den hvite rase dømmer lett andre, og det er fordi de tror de er noe spesielt i forhold til andre.
Det har med reptilhjernen og gjøre, så lenge den hvite rase lever kun fra sitt hode vil det dømme/påpeke andre med forskjellig utseende og oppførsel.

Takk, nå forstår jeg hvor viktige de er.
For å få oss til å våkne og forstå at vi kun dømmer oss selv, til å erfare det samme for å erverve forståelsen.

Så sant Illia.

SKAPELSE VIRKELIGHETEN

Hva vil du fortelle om i dag Seraphim?

I dag vil jeg ta dere med på en reise i tid og rom, til ytre rom av tid og virkelighet.

Jøss høres spennende ut kjære, hva er det for ett sted?

Det er ett sted hvor alt blir til, skapes fra årsak og virkning. Som en trakt kommer ny skapelse til syne.

Dere mennesker har en utrolig fantasi, så isteden for å reise i deres indre, skaper dere nye universer med deres fantasi.

Wow, gjør vi det Seraphim? Høres så utrolig ut.

Men du har jo hørt at dere er store skapere kjære.

Ja, men at vi kunne skape nye planeter og virkeligheter trodde jeg ei var mulig.

Dere og alle filmskaperne vet veldig lite om deres evner til skapelse, men dere trenger og våkne nå.
Tiden er moden til og være inne i dere selv, og ikke skape så mye dere ikke trenger, eller har kontroll over.

Uff, høres tøft ut.
Skaper vi virkelig nye planeter og alt med vår fantasi, som da skyver de andre planetene mer sammen?

Det gjør dere, og dette er viktig viten for dere kjære. Slik at dere kan gå over til og skape paradis for dere selv her på jorden.

Det forstår jeg godt kjære, det er jo ganske tragisk det her.

Det er det, men inntil dere vet hvor store skapere dere er, vil det fortsette i det uendelige med deres tomme skapelser.

Hvordan kan vi få stoppet dette kjære?

Denne boken er meget viktig.

Forstår det nå, mer og mer jo mer du forteller Seraphim.
Takk, er det mer å fortelle om dette?

Nei, det var viktig og fortelle om det, men vil ikke fortelle mer for ei å skape mer ut av denne energien.

Forstår det kjære.

SERA

En planet vi ikke har nevnt ennå er deres vidunder_planet Sera.
Sera er en vakker planet på energinivå lignende Jupiter, men annerledes pga sin aura av regnbuelys rundt.

Der lever vi i en symbiose med altet og får all næring fra altet. Vi puster inn samme masse/energi slik at alle er ett men med separate energi kropper.

Hva eller hvorfor er vi der? Hva er vi der for å lære?

Dere er der for å erfare at livet som kropp, uansett hvilken type kropp man har, er alle like verdifulle kun på forskjellige plan av eksistens.

Er det noe spesielt du vil fortelle om Sera kjære?

Kun det jeg har fortalt, for at dere skal vite at det er mange planeter og virkeligheter og leve og erfare på.

ROSARO

19-5 -21

Hva vil du fortelle oss i dag Seraphim?

I dag vil jeg dele en helt ny planet, som akkurat er blitt født i deres univers.
Den er usynlig for dere, men dere har også påvirkning på denne planeten med deres tanker og følelser.

Så det er viktig at dere vet hvor stor påvirkning dere har på alt i universet deres.

Forstår at vi trenger og høre dette kjære, for de fleste er veldig glad i sine følelser og tanker, og glemmer de store sjelene de egentlig er bakenfor tankene og følelsene.

Forstår ikke helt hvorfor vår energi skaper slik ubalanse utover i vårt himmel system? Kan du fortelle litt mer om det til oss?

Det vil jeg gjerne, for dere trenger virkelig og forstå deres store påvirkningskraft.

Så når ett menneske føler seg trist, sender den følelsen ut vibrasjoner i kroppens energifelt.
Og vi vet jo at menneskers energifelt kan fylle mangfoldige meter. Så tenk da hvordan det sprer seg til naboen, nærmeste menneskene og så videre utover i energi feltene.
Så har vi fortalt tidligere at alt er en del av helheten, altet, kjærlighets-energien som alt er skapt av. Så alt sprer seg til alt.

Det å høre at alt henger sammen, tror jeg nå forskerne har klart og erfare og har begynt og fortelle om.

Det å klare og ta inn at vi påvirker hele universet med vår energi er nok vanskeligere å fordøye. Men hvordan kan vi få de som ikke tenker alternativt til og forstå dette kjære?

Det er på tide at de våkner nå og tar imot ny visdom og kunne forstå sine handlinger på alle plan.

Håper denne boken også treffer de som kan åpne seg for større tanker kjære Seraphim.
Er boken ferdig fortalt?

Det er den kjære Illia, og skal utgis I april 2023.

Det blir en spennende bok og utgi.

Takk, for alle de magiske reisene dere kjære sjelene mine har tatt meg med på.

Takk kjære alle mine hjelpere på min livsoppgave vei i enhet med altet.
Mitt liv er blitt en magisk reise i virkeligheter med denne boken og de andre bøkene.

Vil takke spesielt en person, som har fulgt meg på denne magiske reisen siden den startet i 2018.
Uten hennes ord: å så spennende! Hadde jeg nok slitt veldig for å komme videre p.g.a. all frykten de ga meg for det åndelige livet mitt.

Der jeg har sagt: herregud så skummelt, har hun sagt: å så spennende. Og hun har virkelig klart og løfte meg forbi mye av frykten for mine åndelige erfaringer.

Takk kjære Gina Nilsen.

Still gjerne spørsmål til Seraphim!
Min email: aandevokter@gmail.com

Ønsker og dele de bøker som har vært viktige for den åndelige utviklingen i mitt liv.

«Østens vises liv og lære 1-3», Baird T. Spalding
«Life and teachings of the masters from the fare east 1.»
Denne ligger gratis til lesning på nettet, og lydbok på youtube.
Den kvinnelige leseren er veldig fin.

«Journey into nature». Michael J. Roads
Takk til deg Michael for at du løftet meg inn i naturen/enheten og inn i Pans verden!